高职高专测绘类专业"十二五"规划教材·规范版

教育部测绘地理信息职业教育教学指导委员会组编

工程变形监测

■ 主　编　李金生

■ 副主编　王占武　张　博　黎晶晶

WUHAN UNIVERSITY PRESS
武汉大学出版社

图书在版编目(CIP)数据

工程变形监测/李金生主编;王占武,张博,黎晶晶副主编.—武汉:武汉大学出版社,2013.2(2022.7 重印)

高职高专测绘类专业"十二五"规划教材·规范版

ISBN 978-7-307-10448-8

Ⅰ.工…　Ⅱ.①李…　②王…　③张…　④黎…　Ⅲ.建筑工程—变形观测—高等职业教育—教材　Ⅳ.TU196

中国版本图书馆 CIP 数据核字(2013)第 022521 号

责任编辑:胡　艳　　责任校对:刘　欣　　版式设计:马　佳

出版发行:**武汉大学出版社**　(430072　武昌　珞珈山)

(电子邮箱:cbs22@ whu.edu.cn 网址:www.wdp.com.cn)

印刷:武汉科源印刷设计有限公司

开本:787×1092　1/16　印张:12.25　字数:286 千字　插页:1

版次:2013 年 2 月第 1 版　　2022 年 7 月第 10 次印刷

ISBN 978-7-307-10448-8/TU·116　　定价:24.00 元

高职高专测绘类专业 "十二五"规划教材·规范版
编审委员会

序

　　武汉大学出版社根据高职高专测绘类专业人才培养工作的需要，于 2011 年和教育部高等教育高职高专测绘类专业教学指导委员会合作，组织了一批富有测绘教学经验的骨干教师，结合目前教育部高职高专测绘类专业教学指导委员会研制的"高职测绘类专业规范"对人才培养的要求及课程设置，编写了一套《高职高专测绘类专业"十二五"规划教材·规范版》。该套教材的出版，顺应了全国测绘类高职高专人才培养工作迅速发展的要求，更好地满足了测绘类高职高专人才培养的需求，支持了测绘类专业教学建设和改革。

　　当今时代，社会信息化的不断进步和发展，人们对地球空间位置及其属性信息的需求不断增加，社会经济、政治、文化、环境及军事等众多方面，要求提供精度满足需要，实时性更好、范围更大、形式更多、质量更好的测绘产品。而测绘技术、计算机信息技术和现代通信技术等多种技术集成，对地理空间位置及其属性信息的采集、处理、管理、更新、共享和应用等方面提供了更系统的技术，形成了现代信息化测绘技术。测绘科学技术的迅速发展，促使测绘生产流程发生了革命性的变化，多样化测绘成果和产品正不断努力满足多方面需求。特别是在保持传统成果和产品的特性的同时，伴随信息技术的发展，已经出现并逐步展开应用的虚拟可视化成果和产品又极好地扩大了应用面。提供对信息化测绘技术支持的测绘科学已逐渐发展成为地球空间信息学。

　　伴随着测绘科技的发展进步，测绘生产单位从内部管理机构、生产部门及岗位设置，进而相关的职责也发生着深刻变化。测绘从向专业部门的服务逐渐扩大到面对社会公众的服务，特别是个人社会测绘服务的需求使对测绘成果和产品的需求成为海量需求。面对这样的形势，需要培养数量充足，有足够的理论支持，系统掌握测绘生产、经营和管理能力的应用性高职人才。在这样的需求背景推动下，高等职业教育测绘类专业人才培养得到了蓬勃发展，成为了占据高等教育半壁江山的高等职业教育中一道亮丽的风景。

　　高职高专测绘类专业的广大教师积极努力，在高职高专测绘类人才培养探索中，不断推进专业教学改革和建设，办学规模和专业点的分布也得到了长足的发展。在人才培养过程中，结合测绘工程项目实际，加强测绘技能训练，突出测绘工作过程系统化，强化系统化测绘职业能力的构建，取得很多测绘类高职人才培养的经验。

　　测绘类专业人才培养的外在规模和内涵发展，要求提供更多更好的教学基础资源，教材是教学中的最基本的需要。因此面对"十二五"期间及今后一段时间的测绘类高职人才培养的需求，武汉大学出版社将继续组织好系列教材的编写和出版。教材编写中要不断将测绘新科技和高职人才培养的新成果融入教材，既要体现高职高专人才培养的类型层次特征，也要体现测绘类专业的特征，注意整体性和系统性，贯穿系统化知识，构建较好满足现实要求的系统化职业能力及发展为目标；体现测绘学科和测绘技术的新发展、测绘管理与生产组织及相关岗位的新要求；体现职业性，突出系统工作过程，注意测绘项目工程和生产中与相关学科技术之间的交叉与融合；体现最新的教学思想和高职人才培养的特色，在传统的教材基础上勇于创新，按照课程改革建设的教学要求，让教材适应于按照"项目教学"及实训的教学组织，突出过程和能力培养，具有较好的创新意识。要让教材适合高职高专测绘类专业教学使用，也可提供给相关专业技术人员学习参考，在培养高端技能应用性测绘职业人才等方面发挥积极作用，为进一步推动高职高专测绘类专业的教学资源建设，作出新贡献。

按照教育部的统一部署，教育部高等教育高职高专测绘类专业教学指导委员会已经完成使命，停止工作，但测绘地理信息职业教育教学指导委员会将继续支持教材编写、出版和使用。

教育部测绘地理信息职业教育教学指导委员会副主任委员

二〇一三年一月十七日

前　言

工程变形监测技术是工程测量学中的一项重要内容，在工程建设中应用非常广泛，对工程建筑物安全施工和运营管理有着非常重要的作用，特别是近年来大型、重型、超高层及特种工程建筑物逐渐增多，变形监测工作显得尤为重要。本课程是测绘工程及其相关专业的专业必修课。变形监测技术发展较快，书中较为详细地介绍了当前各个领域变形监测常用的仪器设备、监测方法、数据处理及分析方法。

本书前两章分别介绍变形监测技术基础知识、变形监测常用仪器及设备；第 3 章和第 4 章分别介绍了垂直位移监测技术和水平位移监测技术；第 5 章到第 8 章分别介绍了基坑工程、工业与民用建筑工程、地铁工程、水利工程的变形监测技术；第 9 章介绍了变形监测资料整编与分析方法。

本书由沈阳农业大学高职学院李金生任主编，王占武（辽宁省交通高等专科学校）、张博（沈阳农业大学高职学院）、黎晶晶（湖北水利水电职业技术学院）任副主编。李金生编写第 2、3、4、6、7、9 章；王占武编写第 5 章；张博编写第 1 章；黎晶晶编写第 8 章。

本书在编写过程中参考了国内诸多行业前辈及专家学者在变形监测领域的相关文献，有关的书刊作者在参考文献中列出。另外，还有部分资料来自百度文库，因不知资料来源，无法一一列出作者，在此一并致以由衷的谢意。

尽管在编写过程中竭尽全力，然而变形监测技术发展非常迅速，再加上编者水平有限，书中难免出现不妥甚至错误之处，恳请各位专家、同行、读者批评指正。

编　者
2012 年 10 月

目　　录

第1章 绪 论

【教学目标】

学习本章，要了解工程变形监测基础知识；掌握变形监测的目的与意义、特点及分类，掌握工程变形监测的主要内容、监测方法、监测精度及监测周期等要求；了解工程变形监测技术的发展情况。

1.1 变形监测基本概念

1.1.1 变形及变形监测的概念

物体的形状变化称为变形。变形通常分为两类：自身的变形和相对于参照物的位置变化。

物体自身的变形主要包括伸缩、剪切、裂缝、弯曲(平面上)和扭转(空间内)等。物体相对于参照物的位置变化主要包括水平位移、垂直位移(沉降)、倾斜、旋转等。

变形监测又称变形观测，是对变形体进行测量以确定其自身变形，或者通过测量确定其空间位置随时间的变化特征。《工程测量规范》(GB50026—2007)中提出，变形监测是指对建(构)筑物及其地基、建筑基坑或一定范围内的岩体及土体的位移、沉降、倾斜、挠度、裂缝和相关影响因素(如地下水、温度、应力应变等)进行监测，并提供变形分析预报的过程。

工程变形监测就是利用专用的仪器和方法对工程建筑物等监测对象(也称变形体)的变形进行周期性重复观测，从而分析变形体的变形特征、预测变形体的变形态势。

对于工程变形监测来说，变形体一般包括工程建(构)筑物、机械设备以及其他与工程建设有关的自然或人工对象(如高层建筑物、重型建筑物、地下建筑物、大坝、桥梁、隧道、大型科学实验设备、古建筑、储油罐、储矿仓、高边坡、滑坡体、采空区等)。

1.1.2 引起变形体变形的主要原因

影响工程建筑物变形的因素有外部因素和内部因素两个方面。外部因素主要是指由于建筑物负载及其自重的作用使地基不稳定，震动或风力等因素引起的附加载荷，地下水位的升降及其对基础的侵蚀作用，地基土的载荷与地下水位变化影响下产生的各种工程地质现象以及地震、飓风、滑坡、洪水等自然灾害引起的变形或破坏。内部因素主要是指建筑物本身的结构、负重、材料以及内部机械设备震动作用。此外，由于地质勘探不充分、设计不合理、施工质量差、运营管理不当等引起的不应有的额外变形和人为破坏也是重要因素。

1.1.3 变形监测的主要任务

工程变形监测的主要任务是周期性地对观测目标进行观测，从观测点的位置变化中了解建筑物变形的空间分布，通过对各次观测成果分析比较，了解其随时间的变化特征，从而判断建筑物的质量、变形的过程以及变形的趋势，对超出变形允许范围的建筑物、构筑物及时地分析原因，采取加固措施，防止变形的发展，避免事故的发生。

1.2 变形监测的目的与意义

1.2.1 变形监测的目的

各种工程建筑物都有规定的使用年限，要求在使用期限内稳定安全，并能经受住一定的外力破坏作用。从开工建设到使用结束，均希望达到设计的质量标准，确保安全使用，并尽量延长使用期限。现代工程建筑物正朝着体积大、重量大、结构复杂、内部工业机械设备多、施工周期短、使用频率高等方向发展，因此建筑物的变形监测有着特别重要的意义。

工程变形监测的主要目的是要获得变形体的空间位置随时间变化的特征，科学、准确、及时地分析和预报工程建筑物的变形状况，同时还要正确地解释变形的原因和机理。

工程变形监测的目的大致可分为三类，第一类是安全监测，即希望通过重复观测，能第一时间发现建筑物的不正常变形，以便及时分析和采取措施，防止事故的发生；第二类是积累资料，各地对大量不同基础形式的建筑物所作沉降观测资料的积累，是检验设计方法的有效措施，也是以后修改设计方法、制定设计规范的依据；第三类是为科学试验服务，这实质上也是为了收集资料，验证设计方案，也可能是为了安全监测，只是它在一个较短时期内，在人工条件下让建筑物产生变形。

计算变形量、变形速度等数据的工作称为变形的几何分析；分析变形的产生原因、演变规律等的工作称为变形的物理分析。

1.2.2 变形监测的意义

变形监测有实用上和科学上两方面的意义。

实用上的意义主要是监测各种工程建筑物及其地质结构的稳定性，及时发现异常变化，对其稳定性和安全性做出判断，以便采取措施处理，防止发生安全事故。

科学上的意义在于积累监测分析资料，以便能更好地解释变形的机理，验证变形的假说，建立有效的变形预告模型，为研究灾害预报的理论和方法服务，验证有关工程设计的理论是否正确、设计方案是否合理，为以后修改完善设计、制定设计规范提供依据，如改善建筑物的各项物理参数、地基强度参数，以防止工程破坏事故，提高抗灾能力等。

1.3 变形监测的特点与分类

1.3.1 变形监测的特点

与工程建设中的地形测量和施工测量相比,变形测量具有以下特点:

(1)重复性观测。这是变形监测的最大特点。重复观测的频率取决于变形的大小、速度以及观测目的。第一次观测称为初始观测周期或零周期观测。每一周期的观测方案中,监测网的图形、使用仪器、作业方法乃至观测人员都要尽可能一致。

(2)观测精度高。相比其他测量工作,变形观测精度要求高,典型精度要求达到1mm或相对精度达到10^{-6}。但对于不同的任务或对象,精度要求有差异,即使对于同一建筑物的不同部位,观测精度也不尽相同。制定变形监测的精度取决于变形的大小、速率、仪器和方法所能达到的实际精度以及监测的目的等。

(3)综合应用多种测量方法。由于各种测量方法都有优缺点,因此根据工程的特点和变形测量的要求,综合应用地面测量方法(如几何水准测量、三角高程测量、方向和角度测量、距离测量等)、空间测量技术(如 GPS 技术、合成孔径雷达干涉等)、近景摄影测量、地面激光雷达技术以及专门测量手段,可以起到取长补短、相互校核的目的,从而提高了变形测量精度和可靠性。

(4)数据处理过程的严密性。变形量一般很小,有时甚至与观测精度处在同一量级,要从含有误差的观测值中分离出变形信息,需要严密的数据处理方法。观测值中经常含有粗差和系统误差,在估计变形模型之前要进行筛选,以保证结果的正确性。变形模型一般是预先不知道的,需要仔细地鉴别和检验。对于发生变形的原因还要进行解释,建立变形和变形原因之间的关系。变形监测资料可能是由不同的方法在不同的时间采集的,需要综合地利用。再者,变形观测是重复进行的,多年观测积累了大量资料,必须有效地管理和利用这些资料。

(5)多学科综合分析。变形观测工作者必须熟悉并了解所要研究的变形体,包括变形体的形状特征、结构类型、构造特点、所用材料、受力状况以及所处的外部环境条件等,这就要求变形观测工作者应具备地质学、工程力学、岩土力学、材料科学和土木工程等方面的相关知识,以便制定合理的变形观测精度指标和技术指标,合理而科学地处理变形观测资料和分析变形观测成果,特别是对变形体的变形做出科学合理的物理解释。

1.3.2 变形监测的分类

1. 按照变形监测的研究范围分类

可分为全球性变形监测、区域性变形监测和工程变形监测。

(1)全球性变形监测是对地球自身动态变化(如自转速率变化、地极移动、海水潮汐、地球板块运动、地壳形变等)的监测。

(2)区域性变形监测是指对一个城市或一个工矿厂区等区域性地域进行的监测,如三峡库区周边地表沉降监测等。

（3）工程变形监测是指对某个具体的工程建筑物进行的监测。

2. 按照变形体产生变形的时间和过程分类

可分为静态变形和动态变形。

（1）静态变形通常指在某一时间段内产生的变形，是时间的函数，一般通过周期观测得到，如高层建筑物的沉降。

（2）动态变形指在某个时刻的瞬时变形，是外力的函数，一般通过持续监测得到，如地震、滑坡、塌方等。

3. 按照变形监测相对于变形体的空间位置分类

可分为外部变形监测和内部变形监测。

（1）外部变形监测主要是测量变形体在空间三维几何形态上的变化，普遍使用的是常规测量仪器和摄影测量设备，这种测量手段技术成熟、通用性好、精度高，能提供变形体整体的变形信息，但野外工作量大，不容易实现连续监测。

（2）内部变形监测主要是采用各种专用仪器，对变形体结构内部的应变、应力、温度、渗压、土压力、孔隙压力以及伸缩缝开合等项目进行观测，这种测量手段容易实现连续、自动的监测，长距离遥控遥测，精度也高，但只能提供局部的变形信息。

4. 按照变形监测的目的分类

可分为施工变形监测（在施工过程中对其变形的监测）、监视变形监测（在工程竣工投入使用后的监测）和科研变形监测（为了研究变形规律和机理而进行的监测）等。

1.4 变形监测的内容与方法

1.4.1 变形监测技术的主要内容

1. 按照变形性质进行分类

变形体在平面位置、高程位置、垂直度、弯曲度等方面发生的变形，按照其变形性质一般可以归纳为以下种类：

（1）位移。变形体平面位置随时间发生的移动称为水平位移，简称位移。水平位移监测就是测定变形体沿水平方向的位移变形值，并提供变形趋势与稳定预报而进行的测量工作。产生水平位移的原因主要是建筑物及其基础受到了水平应力的影响。适时监测建筑物的水平位移量，能有效地监控建筑物的安全状况，并可根据实际情况采取适当的加固措施。

（2）沉降。变形体在高程方向上的变形，本应称为垂直位移，但由于历史的沿袭和特定情况下的需要，以及考虑与建筑学、岩石力学、土力学等相关学科之间融会贯通，常称为沉降或沉陷。建（构）筑物垂直位移监测是测定基础和建（构）筑物本身在垂直方向上的位移。当前，在建筑物施工或使用阶段进行沉降监测，其首要目的仍是为了保证建筑物的安全，通过沉降监测发现沉降异常，分析原因并采取必要的防范措施。

（3）倾斜。这是指变形体在垂直度方面的变形。倾斜一般是由于变形体不同侧变形量的大小不一样造成的，如基础的不均匀沉降等。

(4)挠度。这是指变形体不同位置偏离其理论位置的变形。

(5)裂缝。这是指变形体自身材料在拉、压应力的作用下产生的缝隙，是由于变形体各部分变形不均匀引起的，对变形体的安全危害重大。

(6)日照变形。这是指变形体由于向阳面与背阳面温差引起的偏移量及其变化规律。

(7)风振变形。这是指超高层建筑或其他构筑物上部结构在风的作用下产生的位移或偏移。

(8)动态变形。这是指变形体在可变荷载作用下的变形，其特点是具有一定的周期性。

2. 按照监测方式进行分类

国内有些从事变形监测的学者将变形监测的内容分为以下四类：

(1)位移监测。主要包括垂直位移(沉降)监测、水平位移监测、挠度监测、裂缝监测等，对于不同类型的建筑物或地区，观测项目有一定差异。

(2)环境量监测。一般包括气温、气压、降水量、风力、风向等。对于水工建筑物，还应监测库水位、库水温度、冰压力、坝前淤积和下游冲刷等；对于桥梁工程，还应监测河水流速、流向、泥沙含量、河水温度、桥址区河床变化等。总之，对于不同的工程，除了一般性的环境量监测外，还要进行一些针对性的监测工作。

(3)渗流监测。主要包括地下水位监测、渗透压力监测、渗流量监测、扬压力监测等。

(4)应力、应变监测。主要项目包括混凝土应力应变监测、锚杆(锚索)应力监测、钢筋应力监测、钢板应力监测、温度监测等。为使应力、应变监测成果不受环境变化的影响，在测量应力、应变时，应同时测量监测点的温度。应力、应变的监测应与变形监测、渗流监测等项目结合布置，以便监测资料的相互验证和综合分析。

3. 按照几何量和物理量分类

还可以按几何量和物理量的方法进行如下分类：

(1)有关几何量的变形监测。主要内容包括水平位移监测，垂直位移监测，偏距、倾斜、挠度、弯曲、扭转、震动、裂缝等监测。水平位移是监测点在平面上的移动，它可分解到某一个特定方向；垂直位移是监测点在铅垂线上的移动；而偏距、倾斜、挠度等也可归结为沉降和水平位移监测。

(2)有关物理量的变形监测。主要内容包括应力、应变、温度、气压、水位、渗流、渗压、扬压力等监测。

总的来说，变形监测的内容应根据变形体的性质与地基情况来确定。对于不同类型的变形体，其监测的内容和方法有一定的差异。

1.4.2 变形监测的过程

变形监测工作通常有如下几个步骤和过程：

(1)变形监测网的优化设计与观测方案的实施。包括监测网质量标准的确定、监测网点的最佳布设以及观测方案的最佳选择与实施。

(2)观测数据处理。包括观测数据质量评定与平差、观测值之间相关性的估计以及粗差和系统误差检测与剔除。

（3）变形的几何分析。包括变形模型的初步鉴别、变形模型中未知参数的估计、变形模型的统计检验和最佳模型的选择以及变形量的有效估计。

（4）变形的物理解释与变形预报。包括探讨变形的成因，给出变形值与荷载（引起变形的有关因素）之间的函数关系，并作变形预报。

1.4.3 变形监测的方法

1. 常规大地测量方法

常规大地测量方法通常指的是利用常规的大地测量仪器测量方向、角度、边长、高差等技术来测定变形的方法，包括布设成边角网、各种交会法、极坐标法以及几何水准测量法、三角高程测量法等。常规的大地测量仪器有光学经纬仪、光学水准仪、电磁波测距仪、电子经纬仪、电子全站仪以及测量机器人等。

常规大地测量方法主要用于变形监测网的布设以及每个周期的观测。

2. GPS 方法

GPS 技术在测量的连续性、实时性、自动化及受外界干扰小等方面表现出了越来越多的优越性。使用 GPS 差分技术进行变形测量时，需要将一台接收机安放在变形体以外的稳固地点作为基准站，另外一台或多台 GPS 接收机天线安放在变形点上作为流动站。

GPS 方法可以用于测定场地滑坡的三维变形、大坝和桥梁水平位移、地面沉降以及各种工程的动态变形（如风振、日照及其他动荷载作用下的变形）等。

3. 数字近景摄影测量方法

数字近景摄影测量方法观测变形时，首先在变形体周围的稳固点上安置高精度数码相机，对变形体进行摄影，然后通过数字摄影测量处理获得变形信息。与其他方法相比较，数字近景摄影测量方法具有以下显著特点：

（1）信息量丰富，可以同时获得变形体上大批目标点的变形信息；

（2）摄影影像完整记录了变形体各时期的状态，便于后续处理；

（3）外业工作量小，效率高，劳动强度低；

（4）可用于监测不同形式的变形，如缓慢、快速或动态的变形；

（5）观测时不需要接触被监测物体。

4. 激光扫描方法

地面三维激光扫描应用于变形监测的特点：

（1）信息丰富。地面三维激光扫描系统以一定间隔的点对变形体表面进行扫描，形成大量点的三维坐标数据。与单纯依靠少量监测点对变形体进行变形监测研究相比，具有信息全面和丰富的特点。

（2）实现对变形体的非直接测量。地面三维激光扫描系统采集点云的过程中完全不需要接触变形体，仅需要站与站之间拼接时，在变形体周围布置少量的标靶。

（3）便于对变形体进行整体变形的研究，地面三维激光扫描系统通过多站的拼接，可以获取变形体多角度、全方位、高精度的点云数据，通过去噪、拟合和建模，可以方便地获取变形体的整体变形信息。

5. InSAR 方法

合成孔径雷达干涉测量(InSAR)技术使用微波雷达成像传感器对地面进行主动遥感成像,采用一系列数据处理方法,从雷达影像的相位信号中提取地面的形变信息。

用 InSAR 进行地面形变监测的主要优点在于:

(1)覆盖范围大,方便迅速;

(2)成本低,不需要建立监测网;

(3)空间分辨率高,可以获得某一地区连续的地表形变信息;

(4)全天候,不受云层及昼夜影响。

6. 专用测量技术手段

变形测量除了上述测量手段外,还包括一些专门手段,如应变测量、液体静力水准测量、准直测量、倾斜测量等。这些专门的测量手段的特点主要有:测量过程简单,容易实现自动化监测和连续监测,提供的是局部的变形信息。

(1)应变测量。应变测量采用应变计工作原理,分为两类:一类是通过测量两点距离的变化来计算应变;另一类是直接用传感器,实质上是一个导体(金属条或很窄的箔条)埋设在变形体中,由于变形体中的应变使得导体伸长或缩短,从而改变导体的电阻。导体电阻的变化用电桥测量,通过测量电阻值的变化就可以计算应变。

(2)液体静力水准测量。这是利用静止液面原理传递高程的方法,即利用连通管原理测量各点处容器内液面高差的变化,以测定垂直位移的观测方法,可以测出两点或多点间的高差。适用于建筑物基础、混凝土坝基础、廊道和土石坝表面的垂直位移观测。一般将其中一个观测头安置在基准点,其他各观测头放置在目标点上,通过它们之间的差值就可以得出监测点相对基准点的高差。该方法无需点与点之间的通视,容易克服障碍物之间的阻挡,另外,还可以将液面的高程变化转化成电感输出,有利于实现监测的自动化。

(3)准直测量。准直测量就是测量测点偏离基准线的垂直距离的过程,它以观测某一方向上点位相对于基准线的变化为目的,包括水平准直和铅直两种。水平准直法为偏离水平基线的微距离测量,该水平基准线一般平行于被监测的物体。铅直法为偏离垂直线的微距离测量,经过基准点的铅垂线作为垂直基准线。

(4)倾斜测量。基础不均匀的沉降将使建筑物倾斜,对于高大建筑物影响更大,严重的不均匀沉降会使建筑物产生裂缝、甚至倒塌。倾斜测量的关键是测定建筑物顶部中心相对于底部中心或者各层上层中心相对于下层中心的水平位移矢量。建筑物倾斜观测的基本原理大多是测出建筑物顶部中心相对于底部中心的水平偏差来推算倾斜角,常用倾斜度(上下标志中心点间的水平距离与上下标志点高差的比值)来表示。

1.5　变形监测的精度与周期

变形监测应能确切地反应工程建筑物的实际变形程度,并以此作为确定变形监测精度和周期的基本要求。

1.5.1 变形监测的精度

变形监测的精度要求主要取决于该项工程变形监测的目的和允许变形值的大小。

如何根据允许变形值来确定观测的精度，国内外还存在着各种不同的看法。国际测量师联合会(FIG)第十三届会议(1971年)工程测量委员会在讨论中提出："如果观测的目的是为了使变形值不超过某一允许的数值而确保建筑物的安全，则其观测的中误差应小于允许变形值的1/10~1/20；如果观测的目的是为了研究其变形的过程，则其中误差应比这个数值小得多。"也有人认为精度越高越好，应尽可能提高观测的精度。由于观测的精度直接影响到观测成果的可靠性，同时也涉及观测方法、仪器设备和投入费用等。因此，有关精度的问题，值得进一步研究。

在工业与民用建筑物的变形监测中，由于其主要监测内容是基础沉陷和建筑物本身的倾斜，其观测精度应根据建筑物基础的允许沉陷值、允许倾斜度、倾斜相对弯矩等来决定，同时也应考虑其沉陷速度。例如，我国建筑设计部门在研究高层建筑物的倾斜时，根据前述的观点，以允许倾斜值的1/20作为观测的精度指标。某综合勘察院在监测一幢大楼的变形时，根据设计人员提出的允许倾斜度为4‰，求得顶部的允许偏移值为120mm，以其1/20作为观测中误差，即±6mm。在生产实践中，求得必要的中误差以后，如果根据本单位的仪器设备和技术力量能够比较容易地达到精度要求，而且在不必花费很大的精力、不增加很多工作量的情况下还能达到更高的精度时，也可以将观测的精度指标提高。例如前述情况，在求得±6mm后，即按此思想将精度指标提高，取±2mm作为最后的观测中误差。对于根据沉陷速度来确定观测精度，是指沉陷延续的时间很长而沉陷量又较小的基础，其观测的精度就应当高些。

一般来讲，从实用的目的出发，对于连续生产的大型车间(钢结构、钢筋混凝土结构的建筑物)，通常要求观测工作能反映出1mm的沉陷量；对于一般的厂房，没有很大的传动设备、连续性不大的车间，要求能反映出2mm的沉陷量。因此，对于监测点高程的测定误差，应在±1mm以内。而为了科学研究的目的，则往往要求达到±0.1mm的精度。

对于水工建筑物，根据其结构、形状不同，观测内容和精度也有差异。即使对于同一建筑物(如拱坝)的不同部位，其观测精度也不相同，变形大的部位(拱冠)的观测精度可稍低于变形小的部位(如拱座)。对于混凝土大坝，测定变形值的精度一般为±1mm；对于土工建筑物，测定其变形值的精度不低于±2mm。

1.5.2 变形监测的周期

变形监测重复观测的时间间隔称为观测周期。变形观测周期应该以能反应变形体的变形过程并且不遗漏其变化时刻为基本原则。观测周期取决于变形量的大小、变形速度及变形监测的目的和要求。变形监测的初始周期通常在变形监测控制网建立完毕，即基准点、工作基点、监测点都稳定后立即进行。由于初始周期是以后各期计算的基础，所以应特别重视观测质量，通常需要连续测若干次，取其平均值作为初始观测成果，以提高初始观测值的可靠性。

工程施工开始后，由于载荷的不断增加，地基下的土层逐渐压缩沉降，此阶段变形较快，所以施工过程中观测周期应该适当缩短，如以3天、5天、7天、10天、15天等为周期进行观测；或者以载荷的增加(如楼层数增加)为周期进行观测，每增加一定的载荷即可观测一次。

在工程建筑物竣工初期，变形速度较快，观测周期应短一些，随着建筑物逐渐稳定，观测周期逐步加长，但仍然要定期观测，以便发现异常变化，此后逐步加长观测周期，如一月、一季度、半年，直到变形速度小于规范规定的稳定限值(即认为建筑物变形已经停止)，则认为建筑物已趋于稳定，不需要继续观测。

1.6 变形监测技术的发展趋势

1.6.1 变形监测技术的发展

现代科学技术的飞速发展，促进了变形监测技术手段的更新换代。以测量机器人、地面三维激光扫描为代表的现代地上监测技术，改变了经纬仪、全站仪等人工观测技术，实现了监测自动化。以测斜仪、沉降仪、应变计等为代表的地下监测技术，正实现数字化、自动化、网络化。以GPS技术、合成孔径雷达干涉差分技术和机载激光雷达技术为代表的空间对地观测技术，正逐步得到发展和应用。同时，有线网络通信、无线移动通信、卫星通信等多种通信网络技术的发展，为工程变形监测信息的实时远程传输、系统集成提供可靠的通信保障，现代变形监测正逐步实现多层次、多视角、多技术、自动化的立体监测体系。总之，现代变形监测技术发展趋势有以下几个方面的特征：

(1)多种传感器、数字近景摄影、全自动跟踪全站仪和GPS的应用，将走向实时、连续、高效率、自动化、动态监测系统的方向发展。

(2)变形监测的时空采样率会得到大大提高，变形监测自动化为变形分析提供了极为丰富的数据信息。

(3)高度可靠、实用、先进的监测仪器和自动化系统，要求在恶劣环境下长期稳定可靠地运行。

(4)实现远程在线实时监控，在大坝、桥梁、边坡体等工程中将发挥巨大作用，网络监控是推动重大工程安全监控管理的必由之路。

1.6.2 几种新型技术在变形监测中的应用

1. 测量机器人监测技术

测量机器人又称为伺服马达自动全站仪RTS(Robotic Total Station)，具有自动目标识别传感装置和提供照准部转动的两个马达装置，能够实现自动目标识别、自动照准、自动测角、自动测距、自动跟踪目标、自动记录等功能，CCD识别的是不可见红外光，因此它能够在夜间、雾天甚至雨天进行测量，可以实现变形监测的自动化。

2. 三维激光扫描监测技术

三维激光扫描是一种先进的全自动高精度立体扫描技术，激光雷达通过发射红外激光直接测量雷达中心到被监测点的角度和距离信息，获取被监测点的三维坐标。激光雷达属于无协作目标测量技术，能够快速获取高密度的三维数据（俗称点云）。根据承载平台不同，三维激光扫描又为分机载型、车载型、站载型，其中，车载型和站载型属于地面三维激光扫描。

3. 光纤传感器地下监测技术

光纤传感器地下监测技术指利用光在光纤中的反射及干涉原理监测结构体及岩土内部变形的技术。采用光纤传感器可以进行长距离、大范围的分布式面状监测，系统不受电磁干扰，稳定性非常好。光纤传感器本身又是信号的传输线，可以实现远程监测。

4. GPS 监测技术

GPS 监测技术具有全天候作业、监测精度高、通视要求低、直接获取三维坐标、易实现自动化监测等特点，已成为变形监测领域一项重要技术。目前，我国已利用 GPS 建立了中国地壳运动观测网络。在工程变形监测方面，GPS 已被广泛应用在露天矿边坡监测、尾矿库监测、大型滑坡体监测、水库大坝监测、城市地面沉陷监测、矿区开采地表沉陷监测、地质灾害预报监测、地震预报监测等领域。

5. 合成孔径雷达监测技术

合成孔径雷达（InSAR）就是利用雷达与目标的相对运动把尺寸较小的真实天线孔径用数据处理的方法合成一较大的等效天线孔径的雷达，其特点是分辨率高，能全天候工作，能有效识别伪装和穿透掩盖物。通过合成孔径雷达，探测目标物的后向散射系数特征，通过双天线系统或重复轨道法，可以由相位和振幅观测值实现干涉雷达测量。利用同一监测地区的两幅干涉图像，其中一幅是通过变形事件前的两幅 SAR 获取的干涉图像，另一幅是通过变形事件前后两幅 SAR 图像获取的干涉图像，然后将两幅干涉图像进行差分处理，可获取地表微量形变，因此 D-InSAR 可以用来研究地表面水平和垂直位移、大型工程的形变等。合成孔径雷达干涉及其差分技术在地震形变、冰川运移、活动构造、地面沉降及滑坡等研究与监测中有广阔的应用前景。

◎ 习题与思考题

1. 变形监测技术有哪几种分类方法？
2. 变形监测技术的主要内容有哪些？
3. 变形监测技术的主要方法有哪些？
4. 名词解释：变形、变形体、变形监测、工程变形监测。

第2章　工程变形监测基础知识

【教学目标】

学习本章，主要了解工程变形监测系统概况，掌握工程变形监测方案设计及技术总结报告的格式，熟悉工程变形监测常用的仪器设备及使用方法。

2.1　工程变形监测系统概况

工程变形监测系统通常包括进行监测工作的荷载系统、测量系统、信号处理系统、显示和记录系统以及分析系统等几个功能单元。在实际变形监测工作中，变形监测系统一般有人工监测系统和自动化监测系统两大类。

由人工进行各项观测的仪器操作、数据读取、数据记录并将数据录入计算机软件，从而进行监测数据处理、图形绘制，再完成变形分析的过程，称为人工监测系统，通常由观测仪器设备、读数及记录设备、计算机等几部分组成。

利用一些特定的测量技术和仪器设备来完成某些变形体监测项目，实现全天候无人值守监测，具有实时性、精确性、自动化等特征的系统，称为自动化监测系统，通常由测量机器人、传感器、遥测采集器、自动化测读仪表、计算机及软件等组成。

变形监测系统的选用应该具有明确的针对性，监测方案的设计应该具有完整性，所选用的仪器设备应该具有可靠性，所采用的监测方法应该具有先进性，数据处理及成果分析方法应该具有科学性等特点。

2.2　变形监测项目技术设计

2.2.1　变形监测项目技术设计的基本格式

封面：

×××(工程名)变形监测技术设计方案

　　单位：××××

　　时间：××××

扉页：

　　项目名称：××××

　　监测单位：××××

　　编　　写：××××

审　　查：××××
审　　核：××××
批　　准：××××

目录：

2.2.2　编制变形监测技术设计方案的步骤

监测技术设计方案的编制，通常可按如下步骤进行：

(1)明确工程的性质和特点、监测对象及监测目的；

(2)收集编制技术设计方案需要的各种资料；

(3)现场踏勘，了解工程项目及周围环境情况；

(4)确定各类监测项目使用的监测仪器及方法；

(5)确定各类监测项目所采用的数据处理方法；

(6)会同有关人员确定各类监测项目的变形警戒值；

(7)编制监测方案初稿，提交委托单位审阅；

(8)依据修改意见形成最终的监测方案。

2.3 变形监测项目技术总结

变形监测项目技术总结的基本格式如下：

封面：

××××(工程名)变形监测技术总结报告

    工程名称：××××

    工程地点：××××

    委托单位：××××

    检测日期：××××

    报告编号：××××

扉页：

    项目名称：××××

    施测单位：××××

    监测人员：××××

    编   写：××××

    审   查：××××

    审   核：××××

    批   准：××××

目录：

1. 工程概况

2. 监测依据及其内容

    2.1 变形监测的依据

    2.2 变形监测的内容

3. 监测精度及其仪器选择

    3.1 监测精度要求

    3.2 监测仪器选择

4. 监测网的布设及监测方法

    4.1 监测网的布设

    4.2 监测使用方法

5. 监测报警值及监测频率

    5.1 监测报警值

    5.2 监测频率

6. 监测结果及分析

2.4 工程变形监测常用仪器简介

工程变形监测仪器可分为外部观测仪器、内部观测仪器、应力测量仪器三大类。

(1)外部观测法是以被观测物体的外部表面变形为观测对象的方法，其特点是观测点布设在被观测物体的表面，测点和仪器具有可接触、可更换、非完全埋入的特点。外部观测仪器分为通用仪器和专业仪器两类。

通用仪器主要包括光学经纬仪、光学水准仪、电磁波测距仪、电子经纬仪、电子水准仪、电子全站仪、GPS 接收机等。通用仪器主要是常规工程测量类仪器。

专用仪器主要包括机械式、光电式及光电结合式，如液体静力水准测量系统、正倒垂线、活动觇牌、引张线、激光准直仪、铅垂仪、测量机器人、GPS 一机多天线系统、三维激光扫描仪等。专用仪器主要是精密工程测量类仪器，其特点是高精度、自动化、遥测和持续观测。

(2)内部观测法是将仪器埋入变形体内部，监测变形体在施工过程中的各种物理量的变化的方法。内部观测法仍以位移作为最主要的观测对象。内部观测仪器主要包括位移计、收敛计、测缝计、测斜仪、沉降仪、应变计等。

(3)建筑物的应力(压力)观测主要包括混凝土应力观测、土压力观测、孔隙水压力观测、渗透压力观测、钢筋应力观测、岩(土)体应力观测、岩(土)体载荷力观测等。应力测量仪器主要有混凝土应力计、土压力计、孔隙水压力计(渗压计)、钢筋应力计(钢筋计)、测力计等。

2.4.1 精密电子水准仪

1. 电子水准仪的工作原理

电子水准仪是利用电子工程学原理，采用条形码标尺和电子影像处理原理，用 CCD 行阵代替人的肉眼，由传感器识别水准标尺上的条形码分划，经信息转换处理获得观测值，并以数字形式显示或存储在仪器内。电子水准仪的机械光学机构如图 2.1 所示。

电子水准仪区别于光学水准仪的主要不同在于望远镜中装置了一个由光敏二极管构成的行阵探测器，采用数字图像识别处理系统，并配有条码水准尺。水准尺的分划用条纹代替厘米间隔分划。行阵探测器将水准尺的条码图像用电信号传送给信息处理机，信息经过处理之后即可求得水平视线的水准尺读数和视距值。条码水准尺如图 2.2 所示。

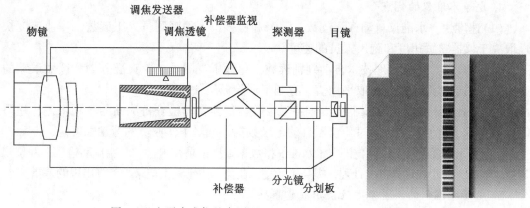

图 2.1 电子水准仪基本原理

图 2.2 条码水准尺

当前电子水准仪采用了原理上相差较大的三种自动电子读数方法，即相关法（如徕卡 NA3002/3003）、几何法（如蔡司 DiNi10/20）、相位法（如拓普康 DL101C/102C）。

2. 电子水准仪的基本结构

电子水准仪的主要部件包括机械部分和电子部分，下面以天宝（Trimble）DINI 03 为例，说明其基本结构，如图 2.3 所示。

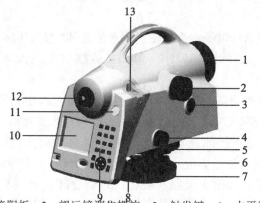

1—望远镜遮阳板；2—望远镜调焦螺旋；3—触发键；4—水平微调
5—刻度盘；6—脚螺旋；7—底座；8—电源/通信口；9—键盘
10—显示器；11—圆水准气泡；12—十字丝；13—可以动圆水准气泡调节器

图 2.3 天宝（Trimble）DINI 03 电子水准仪

3. 精密电子水准仪的参数设置

在使用精密电子水准仪进行作业之前，通常要进行如下设置：路线名、起点点名、起点高程、终点点名、终点高程、往返测设置、测量等级、读数次数、观测顺序、高程显示位数、距离显示位数、视距长上限值、视距长下限值、视线高上限值、视线高下限值、前后视距差限值、视距差累计值限值、两次读数差限值、两次所测高差之差限值等。

4. 电子水准仪的优点

(1)速度快。水准仪自动探测读数、记录和检核，不用观测员人工读数，作业速度快慢取决于仪器整置速度和跑尺人员的速度。

(2)精度高。图像处理技术自动判别读数，免除了观测员人工夹准分划和读数误差的影响。对图形影像多个分划取平均值，有利于消除标尺分划误差。

(3)外业观测中，可在仪器中设置各项参数，仪器自动检查每测站的各项限差，超限时自动提示，方便观测，同时，仪器自动记录数据，减轻了作业员的劳动强度。

(4)易于实现内外业一体化。电子水准仪将数据直接记录在内存中，能自动检核，并按规定格式输出，便于在计算机上处理，提高了效率，避免了由于人工记录、计算出现的差错。

5. 电子水准仪的误差来源及使用注意事项

(1)补偿器误差。仪器经过长期使用后，补偿装置内应力会发生变化，补偿性能就会减弱，要求定期检测，超限时应及时调校。还应注意补偿器的稳定时间，置平后过几秒再测量。

(2)视准轴误差。视准轴误差即为水准管轴和视准轴的夹角在竖直面内的投影，也称 i 角，它对高差的影响与前后视距差成正比，测量过程中应保证前后视距差在限差范围内。

(3)亮度对测量的影响。电子水准仪的 CCD 图像传感器只能在有限的亮度范围内将图像转换为仪器能够识别的有效电信号，所以在使用过程中应随时调节尺身方位，以调节合适亮度。

(4)调焦对测量的影响。电子水准仪依据用于测量的所有间隔码元计算多次测量的平均值，因此调焦对测量精度的影响较小。但如果读数时焦距未调清晰，则易造成测量失败。

(5)标尺竖立垂直度对测量的影响。仪器在自动测量过程中标尺倾斜会给读数带来误差，精密铟瓦条码标尺上都安置了圆水准器，观测时应用尺撑使标尺直立。

(6)磁致误差影响。水准路线通过大功率的发电厂、变电枢纽或测线沿高压输电线、电气化铁路时，要受到磁致误差影响，必须检测其磁致误差影响幅度。

(7)仪器的晾置和预热。由于仪器参数(如 i 角)受环境温度影响易发生变化，作业前，仪器应充分晾置或预热，使仪器与外界气温趋于一致，避免仪器在初始阶段进行测量而影响精度。

(8)震动对测量的影响。由于交通、机械、风等产生的震动会影响补偿器，致使视准线不稳。在周围环境恶劣时，如明显的机械震动，载重运输车通过，风力过大等，应暂停测量。

2.4.2 测量机器人

1. 测量机器人技术

测量机器人又称高精度伺服马达自动全站仪，是具有马达伺服驱动和机内程序控制的 TPS 系统结合激光、通信及 CCD 技术，可以实现测量的全自动化，集自动目标识别、自动照准、自动测角、自动测距、自动跟踪目标、自动记录于一体的测量系统，被称为测量机器人。测量机器人可对多个目标进行持续和重复观测，可以实现变形监测的全自动化。

2. 测量机器人技术的基本原理

测量机器人的组成包括坐标系统、操纵器、换能器、计算机和控制器、闭路控制传感器、决定制作、目标获取和集成传感器八大部分。坐标系统为球面坐标系统，望远镜能绕仪器的纵轴和横轴旋转，在水平面360°、竖面180°范围内寻找目标；操纵器的作用是控制机器人的转动；换能器可将电能转化为机械能以驱动步进马达运动；计算机和控制器的功能是从设计开始到终止操纵系统、存储观测数据并与其他系统接口，控制方式多采用连续路径或点到点的伺服控制系统；闭路控制传感器将反馈信号传送给操纵器和控制器，以进行跟踪测量或精密定位；决定制作主要用于发现目标，如采用模拟人识别图像的方法或对目标局部特征分析的方法进行影像匹配；目标获取用于精确地照准目标，常采用开窗法、阈值法、区域分割法、回光信号最强法以及方形螺旋式扫描法等；集成传感器包括采用距离、角度、温度、气压等传感器获取各种观测值。由影像传感器构成的视频成像系统通过影像生成、影像获取和影像处理，在计算机和控制器的操纵下实现自动跟踪和精确照准目标，从而获取物体的长度、宽度、方位、二维和三维坐标等信息，进而得到物体的形态及其随时间的变化。

3. 测量机器人技术的应用领域

测量机器人已被广泛地应用在水库大坝、滑坡体、露天矿等工程的变形监测中，其自动观测的优势非常适合工程场地条件复杂、人工观测不易达到点位等特殊情况。图2.4所示为徕卡 TCA2003 测量机器人，图2.5所示为索佳 SRX1 自动全站仪。

图2.4 徕卡 TCA2003 自动全站仪   图2.5 索佳 SRX1 自动全站仪

2.4.3 三维激光扫描仪

1. 三维激光扫描技术

三维激光扫描技术是继 GPS 技术以来测绘领域的又一次技术革命，是一种先进的全自动高精度立体扫描技术，又称为实景复制技术，它将使测绘数据的获取方法、服务能力与水平、数据处理方法等进入新的发展阶段。传统的大地测量方法，如三角测量方法、GPS 测量等，都是基于点的测量，而三维激光扫描是基于面的数据采集方式。三维激光扫描获得的原始数据为点云数据，点云数据是大量扫描离散点的结合。三维激光扫描的主要特点是实时性、主动性、适应性好。三维激光扫描技术无需和被测物体直接接触，可以在很多复杂环境下应用；并且可以和 GPS 等集成起来实现更强、更多的应用。对空间信息进行可视化表达，即进行三维建模，通常有两类方法：基于图像的方法和基于几何的方法。基于图像的方法是通过照片或图片来建立模型，其数据来源是数码相机；而基于几何的方法则是利用三维激光扫描仪获取深度数据来建立三维模型，这种方法含有被测场景比较精确的几何信息。

2. 三维激光扫描仪工作原理

三维激光扫描仪的主要构造是由一台高速精确的激光测距仪，配上一组可以引导激光并以均匀角速度扫描的反射棱镜。激光测距仪主动发射激光，同时接受由自然物表面反射的信号从而可以进行测距，针对每一个扫描点可测得测站至扫描点的斜距，再配合扫描的水平和垂直方向角，可以得到每一扫描点与测站的空间相对坐标。如果测站的空间坐标是已知的，那么可以求得每一个扫描点的三维坐标。以 Riegl LMS-Z420i 三维激光扫描仪为例，该扫描仪是以反射镜进行垂直方向扫描，水平方向则以伺服马达转动仪器来完成水平 360 度扫描，从而获取三维点云数据。

地面型三维激光扫描系统的工作原理是，三维激光扫描仪发射器发出一个激光脉冲信号，经物体表面漫反射后，沿几乎相同的路径反向传回到接收器，可以计算目标点 P 与扫描仪距离 S，控制编码器同步测量每个激光脉冲横向扫描角度观测值 α 和纵向扫描角度观测值 β。三维激光扫描测量一般为仪器自定义坐标系。X 轴在横向扫描面内，Y 轴在横向扫描面内与 X 轴垂直，Z 轴与横向扫描面垂直。获得 P 的坐标，如图 2.6 所示。

系统由地面三维激光扫描仪、数码相机、后处理软件、电源以及附属设备构成，它采用非接触式高速激光测量方式，获取地形或者复杂物体的几何图形数据和影像数据。最终由后处理软件对采集的点云数据和影像数据进行处理，转换成绝对坐标系中的空间位置坐标或模型，以多种不同格式输出，满足空间信息数据库的数据源和不同应用的需要，如图 2.7 所示。

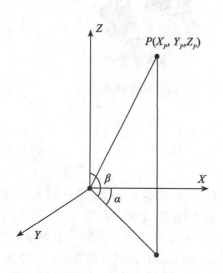

图 2.6　扫描点坐标计算原理

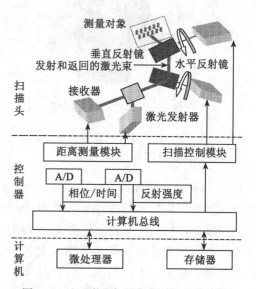

图 2.7　地面激光扫描仪测量的基本原理

18

3. 三维激光扫描仪的分类

三维激光扫描仪按照扫描平台的不同，可以分为机载（或星载）激光扫描系统、地面型激光扫描系统、便携式激光扫描系统。图 2.8 所示为三维激光扫描仪实物图，图 2.9 所示为三维激光扫描仪应用于大型滑坡体监测。

图 2.8　三维激光扫描仪　　　　　图 2.9　激光扫描仪应用于大型滑坡体监测

三维激光扫描仪作为现今时效性最强的三维数据获取工具，可以划分为不同的类型，通常情况下，按照三维激光扫描仪的有效扫描距离进行分类，可分为：

（1）短距离激光扫描仪：最长扫描距离不超过 3m，一般最佳扫描距离为 0.6~1.2m，通常这类扫描仪适用于小型模具的量测，不仅扫描速度快，而且精度较高，可以多达 30 万个点精度至±0.018mm，如，美能达公司出品的 VIVID 910 高精度三维激光扫描仪，手持式三维数据扫描仪 FastScan 等，都属于这类扫描仪。

（2）中距离激光扫描仪：最长扫描距离小于 30m 的三维激光扫描仪，属于中距离三维激光扫描仪，多用于大型模具或室内空间的测量。

（3）长距离激光扫描仪：扫描距离大于 30m 的三维激光扫描仪，属于长距离三维激光扫描仪，主要用于建筑物、矿山、大坝、大型土木工程等的测量，如奥地利 Riegl 公司出品的 LMS Z420i 三维激光扫描仪和加拿大 Cyra 技术有限责任公司出品的 Cyrax 2500 激光扫描仪等，都属于这类扫描仪。

（4）航空激光扫描仪：最长扫描距离通常大于 1km，并且需要配备精确的导航定位系统，可用于大范围地形的扫描测量。

4. 三维激光扫描仪的数据处理

目前阶段，需要通过两种类型的软件才能使三维激光扫描仪发挥其功能：一类是扫描仪的控制软件；另一类是数据处理软件。前者通常是扫描仪随机附带的操作软件，既可以用于获取数据，也可以对数据进行相应处理，如 Riegi 扫描仪附带的软件 RiSCAN Pro；而后者多为第三方厂商提供，主要用于数据处理。Optech 三维激光扫描仪所用数据处理软件为 Polyworks 10.0。

2.4.4 GPS 一机多天线技术

1. GPS 一机多天线技术的意义

GPS 因其观测精度高、全天候观测、通视要求低、实时性、自动化程度高等优点而被广泛应用在变形监测领域，如水库大坝、滑坡体等监测，然而，如果布设的监测点很多，仅用少量的几台 GPS 接收机组网观测，则工作量会非常大。目前 GPS 接收机价格比较昂贵，在每个点上安置接收机进行观测，会使监测系统成本非常昂贵，所以很难实现，GPS 一机多天线技术就是基于这一问题而设计的。

GPS 一机多天线技术就是使用 GPS 多天线控制器，仅用一部 GPS 接收机互不干扰地接收到多个 GPS 天线传输来的信号，实现用一个天线代替一台高精度 GPS 接收机，这样，监测系统的成本可大幅度下降。GPS 一机多天线技术的实现为 GPS 技术在大坝安全监测、山体滑坡监测等全自动变形监测系统的建立创造了极为有利的条件。

2. GPS 一机多天线技术的基本原理

GPS 一机多天线系统的基本原理如图 2.10 所示，是将计算机实时控制技术与无线电通信技术相结合，仅用一台 GPS 接收机在同一时间段互不干扰地接收多个 GPS 天线接收信号。其技术难点是 GPS 一机多天线控制器的研发，重点需要解决的关键问题是如何确保多天线控制器微波开关中各通道的高隔离度和最大限度地减少 GPS 信号衰减。

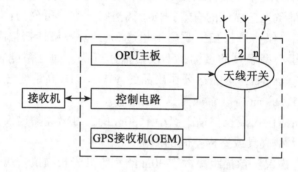

图 2.10　GPS 一机多天线系统原理图

3. GPS 一机多天线控制器组成

GPS 多天线控制器由微处理机、微波开关阵列和控制电路等组成，包括硬件和软件两部分，硬件部分通常是由 8 个 GPS 天线和具有 8 个通道的微波开关、相应的微波开关控制电路、微处理器和 1 台 GPS 接收机组成。软件程序控制微波开关信号通道的断通状态和控制器的工作状态。

4. 数据传输方式

(1)采用 GPRS/CDMA 无线公网。这是在 GSM 系统上发展的一种新的承载业务，提供分组形式的数据业务，具有实时在线、按量计费、快捷登录、高速传输、不受距离限制等优点。

(2)采用光纤通信。这种传输方式具有损耗低、重量轻、不受电磁干扰等优点，但需要购置光纤通信设备，成本较高。

（3）采用电话线传输。利用电话线只需购置相关的 Modem 即可实现数据传输，这种方式的优点是方便、可靠，并且成本低。

（4）组网方式进行数据通信。

5. 基于 GPS 一机多天线技术的变形监测系统

采用 GPS 一机多天线控制器的变形监测系统如图 2.11 所示，它包括下面几个主要部分：数据处理中心、数据传输、GPS 多天线控制器、天线阵列、基准站、野外供电系统，其中，数据处理中心包括微机总控、数据处理、数据分析、数据管理四大部分。

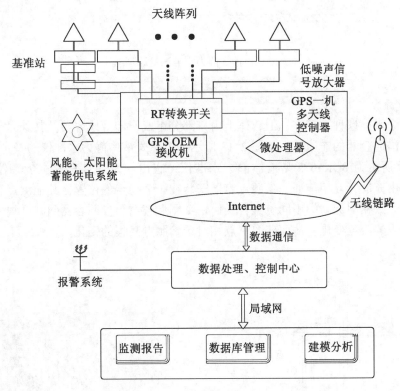

图 2.11　GPS 一机多天线变形监测系统结构图

2.4.5　液体静力水准仪

1. 液体静力水准仪的工作原理

如图 2.12 所示，液体静力水准仪的主要原理是利用相互连通的且静力平衡时的液面进行高程传递的测量方法，传感器容器采用通液管连接，每个传感器内设有一个自由的浮筒，当液位发生变化时，浮筒的位置将随液位变化而变化，而浮筒上的标志杆也会随之改变，通过 CCD 传感器来检测标志杆的位置并进行量化及输出，通过转换获得液位的变化量。

欲求两液体静力水准仪底面所处位置 A、B 间的高差 h，可依据传感器测量出的各自液面的高度值 a 和 b，则高差 $h=a-b$。

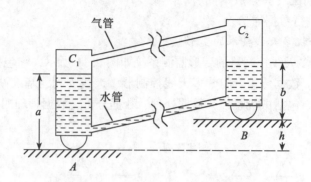

图 2.12　液体静力水准测量原理图

2. 液体静力水准仪的基本构造

液体静力水准仪种类较多，但总体上由三部分组成，即液体容器及其外壳、液面高度量测设备和沟通容器的连通管。如图 2.13 所示为电感式液体静力水准仪的基本构造。

图 2.14 所示为 BGK4675 型液体静力水准仪，它由一系列含有液位传感器的容器组成，容器间由充液管互相连通。参照点容器安装在一个稳定的位置，其他测点容器位于同参照点容器大致相同标高的不同位置，任何一个测点容器与参照容器间的高程变化都将引起相应容器内的液位变化，从而获取测点相对于参照点高程的变化。

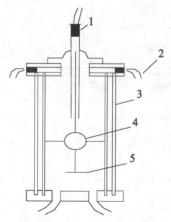

1—电感传感仪；2—通气胶皮管；3—有机玻璃容器；
4—装有传感器的浮子；5—稳定装置

图 2.13　电感式液体静力水准仪结构

图 2.14　BGK4675 型液体静力水准仪外观图

3. 液体静力水准仪的读数方法

根据不同的仪器及其结构，液面高度测定方法有目视法、接触法、传感器测量法和光电机械法等，前两种方法精度较低，后两种方法精度较高且利于自动化测量。

（1）目视接触法。利用转动的测微圆环带动水中的触针上下运动，根据光学折射原理，在观测窗口可以观测到触针尖端的实像和虚像，当两像尖端接触时，在测微圆环上可读出触针接触水面时的高度，如图 2.15 所示。

（2）电子传感器法。通过电子(电感式、光电式或电容式)传感器不仅可以提高静力水准的读数精度，而且可实现测量的自动化，如图 2.16 所示。

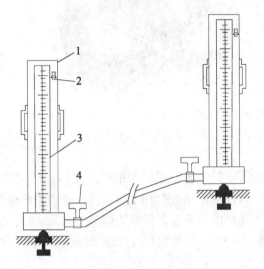

1—木夹板；2—圆水准器；
3—玻璃管；4—水龙头

图 2.15　目视法读数静力水准仪

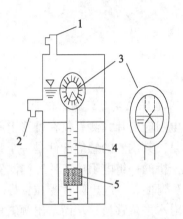

1—气嘴；2—水嘴；3—对称玻璃窗；
4—水位指针；5—测微圆环

图 2.16　接触法读数静力水准仪

4. 液体静力水准仪的误差来源

液体静力水准仪的测量误差主要包括温度差影响、气压差影响、液面到标志高度测量误差、液体蒸发影响、液体中进入污物影响、仪器倾斜误差影响、仪器结构变化影响等；同时，如同几何水准测量一样，液体静力水准仪也存在零点差，交换两台液体静力水准仪的位置可以消除其影响；另外，连通管中液体不能残存气泡，否则测量结果将有粗差。

2.4.6　测斜仪

测斜类仪器通常包括测斜仪和倾斜仪两类。测斜仪是用于钻孔中测斜管内的仪器。倾斜仪是设置在基岩或建筑物表面用来测定某一点转动或某一点相对于另一点垂直位移量的仪器。测斜仪包括伺服加速度计式、电阻应变片式、电位器式、钢弦式、电感式等。倾斜仪包括梁式倾斜仪和倾角计等。

1. 伺服加速度计式测斜仪

伺服加速度计式测斜仪是建筑物及其基础侧向位移监测中应用较多的测斜仪，精度较高、稳定性较好，其装置包括测斜仪测头、测斜管和接收仪表。测斜仪探头由感应部件

（伺服加速度计）、外壳、导向轮和电缆几部分组成，如图 2.17 所示。其工作原理是，基于伺服加速度计测量重力矢量 g 在传感器轴线垂直面上分量大小，当加速度计感应轴与水平面存在一个夹角 θ 时，即可换算出加速度计输出电压 U_c，从而求出倾斜角 θ。

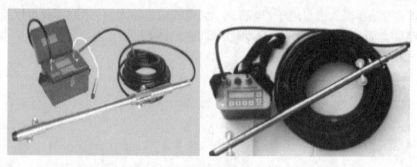

图 2.17　伺服加速度计式测斜仪

2. 电阻应变片式测斜仪

电阻应变片式测斜仪在外形上和伺服加速度计式测斜仪基本相同，大小也差不多。不同的是，其内置的感应部件是一个弹性摆。弹性摆由应变梁和重锤组成，在梁的两侧贴有组成全桥的一组电阻应变片，当测斜仪的弹性摆的梁平面与铅垂线倾斜一夹角 θ 时，应变梁产生弯曲，一组电阻片受拉，另一组电阻片受压，用电阻应变仪测出应变值，即可换算得相对水平位移量，从而求出倾斜角 θ。

3. 振弦式固定测斜仪

固定式测斜仪主要用在常规性测斜仪难于或无法测读的监测项目中，把测斜仪固定在测斜管内的某个固定位置，用遥测的方法来测定该位置倾角的连续变化。若要测得某个钻孔内各个高度处的倾斜情况，则需在测斜管中固定安置若干个传感器进行观测。其主要部件包括固定式传感器、连接电缆、遥测集线箱、测斜管和读数仪表，如图 2.18 所示。测斜管主要是用聚氯乙烯、塑料和铝合金等材料加工而成，管内有互成 90° 的四个导向槽，如图 2.19 所示。

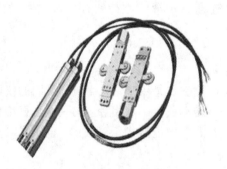

图 2.18　振弦式固定测斜仪

图 2.19　测斜管

2.4.7 倾斜仪

倾斜仪一般能连续读数、记录和传输数据，精度较高，在倾斜监测领域应用较为广泛。常见的倾斜仪有梁式倾斜仪、水管式倾斜仪、气泡式倾斜仪、水平摆式倾斜仪及电子倾斜仪，可用来监测建筑物的位移及转动。水平型的倾斜仪用来进行变形体沉降和隆起的监测，垂直型的倾斜仪用来进行变形体位移和收敛的监测。

1. 梁式倾斜仪

梁式倾斜仪可监测建筑物的位移和转动，主要用来监测建筑物受隧道等地下工程的影响、隧道本身的收敛和位移、滑坡区稳定性、桥梁稳定性等。梁式倾斜仪是在坚固金属梁上按照电解液测斜传感器，将 1~3m 长的梁锚固在建筑物上，然后将传感器调零并固定位置，产生倾斜时便可测量出倾斜角，如图 2.20 所示。

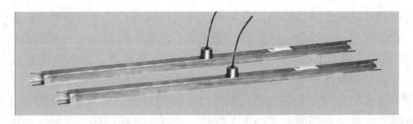

图 2.20　梁式倾斜仪

2. 水管式倾斜仪

水管式倾斜仪是利用连通软管中的液体表面水平的原理，根据两端液面的高低变化，得出两点间的高差变化，进而计算倾斜角的仪器，如图 2.21 所示。水管式倾斜仪利用光导装置实现自动记录。工作时使光导装置向液面方向移动，并由位移传感器开始发生计数脉冲，当光导装置接触液面时，光线就从原来的全反射变为部分透射，使液面下的接收器受光，从而停止脉冲计数。

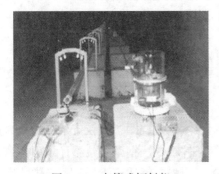

图 2.21　水管式倾斜仪　　　　　图 2.22　气泡式倾斜仪

3. 气泡式倾斜仪

气泡式倾斜仪由一个高灵敏度的气泡水准管和一套精密的测微器组成，如图 2.22 所示。气泡水准管固定在支架上，可绕旋转端点转动，下装一弹簧片，底板下为置放装置，测微器中包括测微杆、读数盘和指标。将倾斜仪安置在需要的位置上，转动读数盘，使测微杆向上或向下移动，直至水准管气泡居中为止，此时在读数盘上读数，即可得出该处的倾斜度。

2.4.8 位移计

位移计是用于监测变形体的相对位移的传感器，主要用于测量水工结构物或其他混凝土结构物的内部变形，也可用于监测土坝、土堤、边坡等结构物的位移、沉陷、应变及滑移。

位移计主要包括钢丝式位移计、钢弦式位移计、差动电阻式位移计、滑线电阻式土位移计、多点位移计、单双点锚固式变位计、滑动测微计等类型。

1. 钢丝式位移计

钢丝式位移计是由受张拉的铟瓦合金钢丝构成的机械式水平位移测量装置，主要由锚固板、铟瓦合金钢丝、分线盘、保护管、伸缩节、配重、固定标点台和游标卡尺（或位移传感器）等组成，适用于土石坝、边坡工程等的水平位移观测。选型前提是具备适合的安装空间。其特点是测量范围大，结构简单、耐久性好，观测数据直观可靠。

若锚固点在水平方向上发生位移，则通过一端固定在锚固板上的铟钢丝（或钢缆）传递给位移传感器，从而得到测点处的水平位移。在同一高程、同一断面处布置多个相同的测点，即可得到多个点的水平位移。单组测点数为 4 个，需要多点监测时，只需要增加铟钢丝或增加组数即可，如图 2.23 所示，其实物图如图 2.24 所示。

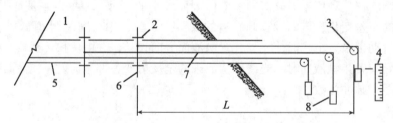

1—坝体；2—伸缩管接头；3—导向轮；4—游标卡尺
5—保护钢管；6—锚固板；7—钢丝；8—恒重砝码
图 2.23　钢丝式位移计工作原理

2. 钢弦式位移计

钢弦式位移计由位移传动杆、传动弹簧、钢弦、电磁线圈、钢弦支架、防水套管、导向环、内外保护套筒、两端连接拉杆和万向节等部件组成。钢弦式位移计采用振弦式传感器，工作于协振状态，温度使用范围宽，抗干扰能力强，能适应于恶劣环境中，广泛应用于地基基础、土坝及其他土工建筑物的位移监测中。当位移计两端拉伸或压缩时，传动弹簧使传感器钢弦处于拉紧或松弛状态，此时钢弦频率产生变化，受拉时频率增高，受压时频率降低，测出位移后的频率即可算出位移量，如图 2.25 所示。

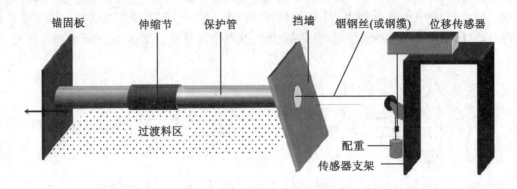

锚固板　伸缩节　保护管　挡墙　铟钢丝(或钢缆)　位移传感器

过渡料区

配重

传感器支架

图 2.24　钢丝式水平位移计

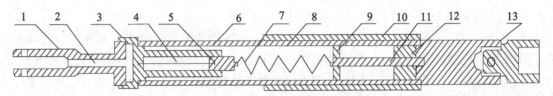

1—拉杆接头；2—电缆孔；3—钢弦支架；4—电磁线圈；5—钢弦；6—防水波纹管；7—传动钢簧；
8—内保护筒；9—导向环；10—外保护筒；11—位移传动杆；12—密封圈；13—万向节(或铰)

图 2.25　钢弦式位移计

3. 差动电阻式位移计

差动电阻式位移计由测杆、护管、滑动式电阻器、信号传输电缆等组成，具有智能式电阻位移计功能。当被测结构物发生变形时，带动位移计测杆产生位移，通过转换机构传递给滑动式电阻器，滑动式电阻器将位移物理量转变为电信号量，经电缆传输至读数装置，即可测出被测结构物位移的变化量，如图 2.26 所示。

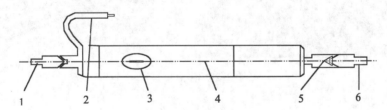

1—螺栓连接头；2—引出电缆；3—变形感应元件；4—密封壳；5—万向铰接件；6—杜销连接头

图 2.26　差动电阻式位移计

4. 滑线电阻式位移计

滑线电阻式位移计可测量土体某部位任何一个方向的位移，适用于填土中埋设，它由传感元件、铟瓦合金连接杆、钢管保护内管、塑料保护外壳、锚固盘和传输电缆组成。电

27

位器内可自由伸缩的钢瓦合金连接的一端固定在位移计的一端，电位器固定在位移计的另一端，伸缩管在电位器内滑动，不同的位移量产生不同电位器移动臂的分压，即把位移量转换成电压输出，用电压表测出电压变化值，换算出位移量，如图 2.27 所示。

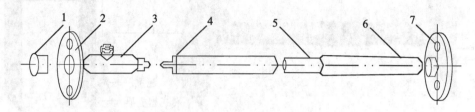

1—左端盖；2—左法兰；3—传感元件；4—连接杆；5—内护管；6—外护管；7—右法兰

图 2.27　滑线电阻式位移计

5. 多点位移计

多点变位计是将 3~6 支测缝计组合在一起，按不同深度梯度埋设，用于测量同一测孔中不同深度裂缝的开合度。多点位移计由位移计组、位移传递杆及其保护管、减摩环、安装支座、锚固头等组成，适用于长期埋设在水工结构物或土坝、土堤、边坡、隧道等结构物内，测量结构物深层多部位的位移、沉降、应变、滑移等，可兼测钻孔位置的温度。

当被测结构物发生变形时，将会通过多点位移计的锚头带动测杆，测杆拉动位移计产生位移变形，变形传递给振弦式位移计转变成振弦应力的变化，从而改变振弦的振动频率。电磁线圈激振振弦并测量其振动频率，频率信号经电缆传输至读数装置，即可计算出被测结构物的变形量，并可同步测量埋设点的温度值，如图 2.28 所示。

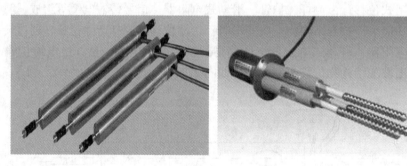

图 2.28　多点位移计

2.4.9　测缝计

测缝计是适用于长期埋设在水工建筑物或其他混凝土建筑物内或表面，测量结构物伸缩缝或周边缝的开合度(变形)以及裂缝两侧块体间相对移动的观测仪器。根据工作原理，测缝计可分为差动电阻式测缝计、振弦式测缝计、埋入式测缝计、钢弦式测缝计、电位器式测缝计、金属标点结构测缝计等。

1. 差动电阻式测缝计

差动电阻式测缝计用于埋设在混凝土内部，遥测建筑物结构伸缩缝的开合度，经适当改装，也可监测大体积混凝土表面裂缝的发展及基岩变形，如测量两坝段间接缝的相对位移等。

差动电阻式测缝计由上接座、钢管、波纹管、接线座和接座套等组成仪器外壳。电阻感应组件由两根方铁杆、弹簧、高频瓷绝缘子和弹性电阻钢丝组成，如图2.29所示。

当测缝计产生外部变形时，由于外部波纹管及传感部件中的弹簧承担了大部分变形，小部分变形引起钢丝电阻的变化，两组钢丝的电阻在变形时的变化是差动的，电阻的变化与变形成正比；由测出的电阻比即可算出测缝计承受的变形量。

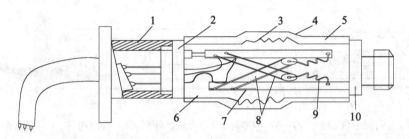

1—接座套筒；2—接线座；3—波纹管；4—塑料管；5—钢管；
6—中性油；7—方铁杆；8—弹性钢丝；9—上接座；10—弹簧

图2.29　差动电阻式测缝计

2. 振弦式测缝计

振弦式裂缝计用于测量接缝的开合度，如建筑、桥梁、管道、大坝等混凝土的施工缝；土体内的张拉缝与岩石和混凝土内的接缝。仪器包括一个振弦式感应元件，该元件与一个经热处理、消除应力的弹簧相连，弹簧两端分别与钢弦、连接杆相连。仪器完全密封并可在高达250psi（1.7MPa）的压力下操作。当连接杆从主体拉出，弹簧被拉长导致张力增大并由振弦感应元件测量。钢弦上的张力与拉伸成比例，因此，接缝的开合度通过振弦读数仪测出应力变化而精确地确定，如图2.30所示。

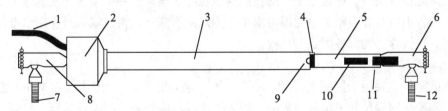

1—仪器电缆；2—线圈及温度计；3—套管（保护管）；4—尼龙扎带；5—传递杆；6—球形万向节；
7—固定螺栓；8—球形万向节；9—定位槽；10—定位销；11—螺纹适配器；12—固定螺栓

图2.30　振弦式测缝计

3. 埋入式测缝计

埋入型测缝计主要用于测量砼块之间的升降或断面的接缝开度或边界位移。该仪器由一个经过一系列热处理的振弦感应元件构成，一端连接弦的应力释放弹簧，而另一端是连接杆。由于传递杆从传感器筒体拉出，弹簧拉伸导致应力增加，并由振弦元件感应。弹簧的应力与弦张力成正比，因而，裂缝的开度可以用弦式读数仪通过测量应变的变化很精确地确定。该单元是完全密封的并且可以在250psi(1.75MPa)压力下正常工作。同时，在振弦传感器内装有热敏电阻，用以测量测缝计安装部位的温度。另外，在传感器筒内有一个三极等离子体浪涌脉冲放电器，用以保护瞬间由直接或间接雷电冲击电荷对传感器的破坏，如图2.31所示。

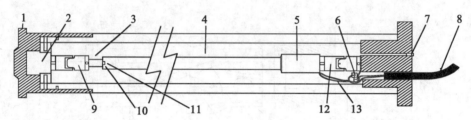

1—套筒底座；2—仪器连接器；3—传递杆；4—传感器外壳；5—线圈组件；6—雷击保护器；
7—通气螺丝；8—仪器电缆；9—万向节；10—定位销；11—定位槽；12—万向节；13—导线

图2.31　埋入式测缝计

2.4.10　沉降仪

沉降仪是埋设安装在建筑物及其基础内、外表面用来测其沉降的仪器，主要应用在土坝、土石坝、边坡、开挖和填方等岩土工程的沉降监测中。沉降仪主要包括横梁管式沉降仪、电磁式沉降仪、水管式沉降仪、钢弦式沉降仪等。

1. 横梁管式沉降仪

这种沉降仪主要用于土石坝坝体内部的沉降，通常在坝体内逐层埋设。它由管座、带横梁的细管、中间套管三部分组成。利用细管在套管中的相对运动测定土体垂直位移。当土体发生隆起或沉陷时，埋设在土中的横梁翼板也随之移动，并带动细管在套管中上下移动。测定细管上口与管顶距离变化即可求出各测点的沉降量。每次观测时，用水准仪测出管口高程，再换算出相应各测点的高程。

2. 电磁式沉降仪

这种沉降仪主要用于监测土石坝、路堤、基坑等工程施工中土体分层沉降量。它是由测头、三脚架、钢卷尺和沉降管组成的。埋入土体的沉降管要依据设计需要，每隔一定距离设置一磁环，当土体发生沉降时，该磁环也同步沉降，利用电磁探头测出沉降后的磁环位置并与初始值相减，即可求出相应测点的沉降量。观测时，将三脚架安置于测孔上方，测头悬挂于钢卷尺端部。将测头缓慢放入管中，跟进电缆并接通电源。测头下降至磁环中间时，音响立即发出声音并找准其确切位置，让钢卷尺与脚架中的基准尺对齐，即可读出该沉降环所处深度。每次观测时，用水准仪测出孔口高程，测得磁环深度，即可换算出该点的高程。

3. 水管式沉降仪

水管式沉降仪可直接测读各点沉降量，适合于土石坝等结构物内部沉降监测。它由沉降测头、管路和量测板等组成。采用连通管原理监测测头的沉降，即用水管将坝体内的测头连通水管的水杯与坝体外量测板上的测量管相连接，使两端处于同一气压中，当水杯充满水后，观测房中玻璃管中液面高程即为坝内水杯杯口高程。水杯杯口高程变化即为该测点的相对垂直位移量。每次读数前，用水准仪测出量测板上各标点的高程，读出各测点玻璃管上的水位，即可得到各测点沉降量。

4. 钢弦式沉降仪

钢弦式沉降仪主要用于测量填土、堤坝、公路等结构的沉降，是由钢弦式探头、充满液体的管路、液体容器、测读装置组成的。传感器作为沉降测头进入测管中，通过充满液体的管路与液体容器相连，由传感器测得探头内液体压力，就可测出探头与容器内水位的高差。容器和测读装置固定于水准基点上的卷筒上，探头在测管中的移动就可测出测管高程变化，与起始高程比较，就可测得测管的沉降量。

2.4.11 应变计

观测应力、应变的目的在于了解建筑物及基岩内部应力的实际分布，求得最大拉应力、压应力和剪应力的位置、大小和方向。常用的应变计主要有埋入式应变计、无应力式应变计和表面应变计，从工作原理上分，有差动电阻式应变计、钢弦式应变计、差动电感式应变计、差动电容式应变计、电阻应变片式应变计等。下面介绍其中几种。

1. 差动电阻式应变计

主要是埋设在混凝土中观测其应变，也可用来测量浆砌石或基岩内的应变。这种应变计由电阻传感器部件、外壳和电缆组成。当仪器轴向受到变形时，电阻比产生变化，从而计算应变量。

2. 钢弦式应变计

主要用来测量建筑物基础、桩体、桥梁、坝体、隧道衬砌等混凝土的应变值。这种应变计由端头、应变管、钢弦、电磁线圈和导线组成。当混凝土产生应变时，端头带动应变管产生变形，使钢弦应力发生变化，用频率测定仪测量钢弦变形后的频率值，即可求得混凝土应变值。

3. 无应力式应变计

主要用来测量混凝土由于温度、湿度及水化作用产生的自由体积变形。这种应变计使用锥形双层套筒，埋设在内筒中的混凝土内的应变计不受筒外大体积混凝土荷载变形影响，而筒口和大体积混凝土连成一体，使筒内外保持相同湿度和温度，这样，筒内混凝土产生的变形只是由温度、湿度和自身原因引起的，而非应力作用结果。

4. 表面应变计

主要用于测量混凝土、钢筋混凝土及钢结构的桥梁、墩台、桩体、隧道及坝体表面的应变。其传感器有钢弦式和电阻应变片式等，通常将后者直接粘贴在结构物表面设计规定位置，经防水防潮处理后进行量测。

2.4.12 应力计

1. 钢筋应力计

钢筋应力计又称钢筋计，是埋设在水工结构物或其他混凝土结构物内，测量结构物内部的钢筋应力的仪器，常用的有差动电阻式和钢弦式两种。图2.32所示为钢筋应力计，图2.33所示为安装在基坑支护结构上的钢筋应力计。

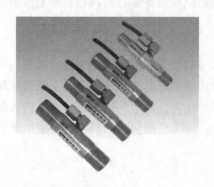

图2.32　钢筋应力计　　　　　图2.33　安装在基坑支护结构上的钢筋应力计

2. 孔隙水压力计

孔隙水压力计也称为渗压计，是指用于测量构筑物内部孔隙水压力或渗透压力的传感器，按仪器类型可以分为差动电阻式孔隙水压力计、钢弦式孔隙水压力计及电阻应变片式孔隙水压力计等。孔隙水压力计可用来测量孔隙水或其他流体压力。所测得的数据可评估地下水流的情况，并用于设计和监测水工建造物、基础与挡土墙、大坝与堤防、边坡与开挖工程、隧洞与地下工程、废料堆积场等项目(图2.34、图2.35)。

图2.34　差动电阻式孔隙水压力计　　　　图2.35　钢弦式孔隙水压力计

3. 混凝土应力计

混凝土应力计是埋设在混凝土建筑物内部，直接测量混凝土内部压应力，同时兼测埋设点的温度的仪器。它是由感应板组件和差动电阻式传感器组成的。传压液体将受压面板上感受的混凝土压应力传递到感应背板上，感应背板组件将位移转换成钢丝电阻值差动变化，用测读仪表接收电阻比变化量和电阻值，就可计算出混凝土的压应力和温度（图2.36）。

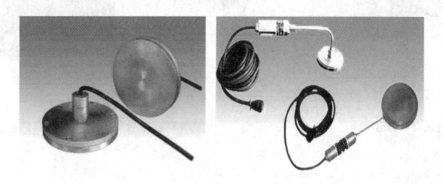

图2.36　混凝土应力计

4. 土压力计

土压力计是用来测量土石坝、大堤、桥墩、隧道、地铁、高层建筑基础等结构内部土体压应力的仪器。按其埋设方法可分为埋入式和边界式两种，按结构形式可分为立式、卧式和分离式三种形式（图2.37）。

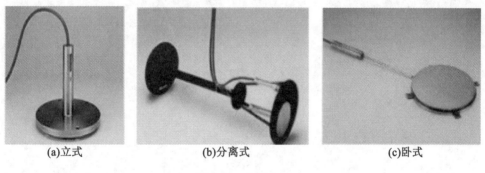

(a)立式　　　　　　　　(b)分离式　　　　　　　　(c)卧式

图2.37　土压力计

5. 测力计

测力计是用于岩土工程的载荷或集中力观测的仪器，可观测承载桩和支撑桩的载荷。测量锚杆（索）预应力锚杆效果和预应力载荷变化时，采用锚杆（索）测力计。目前常用的有轮辐式测力计、环式测力计和液压式测力计三种，按照传感器不同，也可分为差动电阻式测力计、钢弦式测力计和电阻应变片式测力计等几种。图2.38所示为差动电阻式锚索轴力计。图2.39所示为钢弦式锚索轴力计和现场实际布设图。

图 2.38　差动电阻式锚索轴力计　　　　图 2.39　钢弦式锚索轴力计

◎ **习题与思考题**

　1. 变形监测系统设计的基本原则是什么？
　2. 外部监测常用的仪器有哪些？
　3. 内部监测常用的仪器有哪些？
　4. 应力监测常用的仪器有哪些？

第3章 沉降监测技术

【教学目标】

学习本章，要了解沉降监测技术的基础知识，掌握沉降监测控制网(点)的建立方法，掌握常见的沉降监测方法及仪器的使用方法，掌握沉降监测成果资料的数据处理方法。

3.1 沉降监测技术概述

3.1.1 沉降监测的意义

随着工业与民用建筑业的发展，各种复杂而大型的工程建筑物日益增多，工程建筑物的兴建，改变了地面原有的状态，并且对于建筑物的地基施加了一定的压力，这就必然会引起地基及周围地层的变形。为了保证建(构)筑物的正常使用寿命和建(构)筑物的安全性，并为以后的勘察设计施工提供可靠的资料及相应的沉降参数，建(构)筑物沉降观测的必要性和重要性愈加明显。现行规范也规定，高层建筑物、高耸构筑物、重要古建筑物及连续生产设施基础、动力设备基础、滑坡监测等均要进行沉降观测。特别在高层建筑物施工过程中，应用沉降监测加强过程监控，指导合理的施工工序，预防在施工过程中出现不均匀沉降，及时反馈信息，为勘察设计施工部门提供详尽的一手资料，避免因沉降原因造成建筑物主体结构的破坏或产生影响结构使用功能的裂缝，造成巨大的经济损失。

沉降监测应根据建筑物设置的观测点与固定(永久性)水准点的测点进行观测，测其沉降程度用数据表达，凡三层以上建筑、构筑物设计要设置观测点，人工、土地基(砂基础)等均应设置沉陷观测，施工中应按期或按层进度进行观测和记录，直至竣工。

建筑物沉降是指建筑物及其地基在其载荷作用下产生的竖向移动，也称为垂直位移。

沉降监测也称为垂直位移监测，是指测定工程建筑物上事先设置的观测点(即变形监测点)相对于高程基准点的高差变化量(即沉降量)、沉降差及沉降速度，并根据需要计算基础倾斜、局部倾斜、构件倾斜及相对弯曲，并绘制沉降量随时间及载荷变化的曲线以及建筑物等的沉降值分布曲线等。建筑物沉降监测应该在基坑开挖之前进行，并且贯穿于整个施工过程中，而且延续到建成后若干年，直到沉降现象基本停止为止。

3.1.2 沉降监测的基本原理

通过定期测定沉降监测点相对于基准点的高差，求得监测点各周期的高程；不同周期、相同监测点的高程之差，即为该点的沉降值，即沉降量。通过沉降量还可以求出沉降差、沉降速度、基础倾斜、局部倾斜、相对弯曲及构件倾斜等。

假设某建筑物上有一沉降监测点 1 在初始周期、第 $i-1$ 周期、第 i 周期的高差分别为 $h^{[1]}$、$h^{[i-1]}$、$h^{[i]}$，即可求出相应周期的高程为

$$H_1^{[1]}=H_A+h^{[1]}, \quad H_1^{[i-1]}=H_A+h^{[i-1]}, \quad H_1^{[i]}=H_A+h^{[i]} \tag{3.1}$$

从而可得目标点 1 第 i 周期相对于第 $i-1$ 周期的本次沉降量为

$$S^{i,i-1}=H_1^{[i]}-H_1^{[i-1]} \tag{3.2}$$

目标点 1 第 i 周期相对于初始周期的累计沉降量为

$$S^i=H_1^{[i]}-H_1^{[1]} \tag{3.3}$$

其中，当 S 的符号为负号时，表示下沉；为正号时，表示上升。

若已知该点第 i 周期相对于初始周期总的观测时间为 Δt，则沉降速度为

$$v=\frac{s^i}{\Delta t} \tag{3.4}$$

现假设有 m、n 两个沉降观测点，它们在第 i 周期的累计沉降量分别为 s_m^i、s_n^i，则第 i 周期 m、n 两点间的沉降差 Δs 为

$$\Delta s=s_m^i-s_n^i \tag{3.5}$$

3.1.3 沉降监测的基本要求

1. 仪器设备、人员素质的要求

根据沉降观测精度要求高的特点，为能精确地反映出建(构)筑物在不断加荷作用下的沉降情况，一般规定测量的误差应小于变形值的 $1/10 \sim 1/20$，为此要求沉降观测应使用精密水准仪(S1 或 S05 级)，水准尺也应使用受环境及温差变化小的高精度铟钢合金水准尺。人员必须接受专业学习及技能培训，熟练掌握仪器操作规程，熟悉测量理论，能针对不同工程特点的具体情况采用不同的观测方法及观测程序，对工作中出现的问题能够分析原因，并正确运用误差理论进行平差计算，做到快速、精确地完成每次观测任务。

2. 观测时间的要求

建构筑物的沉降观测对时间有严格的限制条件，特别是首次观测必须按时进行，否则沉降观测会因得不到原始数据，而使整个观测无法达到目的。其他各阶段的复测必须根据工程进展情况定时进行，不得漏测或补测。

3. 观测点的要求

为了能够反映出建(构)筑物的准确沉降情况，沉降观测点要埋设在最能反映沉降特征且便于观测的位置。一般要求建筑物上设置的沉降观测点纵横方向要对称，且相邻点之间间距以 $15 \sim 30\text{m}$ 为宜，均匀地分布在建筑物的周围。通常情况下，建筑物设计图纸上有专门的沉降观测点布置图。

4. 沉降观测要遵循"五定"原则

所谓"五定"，即通常所说的沉降观测依据的基准点、工作基点和变形体上的沉降观测点的点位要稳定；所用仪器、设备要稳定；观测人员要稳定；观测时的环境条件基本一致；观测路线、镜位、程序和方法要固定。以上措施能在客观上尽量减少观测误差的不确定性，使所测的结果具有统一的趋向性，保证各次复测结果与首次观测的结果具有可比性，更一致，使所观测的沉降量更真实。

5. 施测要求

仪器、设备的操作方法与观测程序要正确。在首次观测前，要对所用仪器的各项指标进行检测校正，必要时，经计量单位予以鉴定。连续使用3~6个月后，重新对所用仪器、设备进行检校。

6. 沉降观测精度的要求

根据建筑物的特性和建设、设计单位的要求，选择沉降观测精度的等级。一般性的高层建构筑物施工过程中，采用二等水准测量的观测方法就能满足沉降观测的要求。各项观测指标要求如下：①往返较差、附和或环线闭合差$\leqslant 4\sqrt{L}$ mm（L为路线长度）；②前后视距$\leqslant 50m$；③前后视距差$\leqslant 1.0m$；④前后视距累积差$\leqslant 3.0m$；⑤水准仪的精度不低于S1级别。

7. 沉降观测成果整理及计算要求

原始数据要真实可靠，记录计算要符合施工测量规范的要求，依据"正确、严谨有序、步步校核、结果有效"的原则进行成果整理及计算。

3.2 沉降监测网(点)布设

3.2.1 沉降监测网

为了测定工程建筑物的变形，通常在建筑物上选择一些有代表性且能反映建筑物变形特征的部位布设观测点，用点的变形来反映建筑物的变形情况，这些点称为变形监测点。为了测定监测点的位置变化，必须设置一些位置稳定不变的参考点作为整个变形监测的起算点和依据，这些点称为监测基准点。为了确保基准点稳定可靠，通常要求基准点远离建筑物沉降影响区域，并且埋设一定的深度。但是如果基准点距离监测点太远，观测不便，则精度也难以保证，因此，要求在距离适当、便于观测的地方设置一些相对稳定的工作点，称为工作基点。

由此可见，变形监测网通常由基准点、工作基点、监测点三级点位组成。基准点通常埋设在变形影响范围之外，尽可能使它们长期稳定不动；工作基点是基准点和监测点之间的联系点。基准点和工作基点构成基准网，基准网的复测间隔较长，用来测量工作基点相对于基准点的变化量，这一变化量通常很小。工作基点和变形监测点间要有方便的观测条件，两者组成次级网。次级网的观测间隔就是变形监测周期，通常较短。当建筑物规模较小、沉降观测精度要求较低时，则可直接布设基准和监测点两级，而不再布设工作基点。

3.2.2 沉降监测网(点)的布设要求

《建筑变形测量规范》(JGJ8—2007)对沉降监测网点的布设做出了如下规定：

(1)特级沉降观测的高程基准点数不应少于4个，其他级别不应少于3个。高程工作基点可根据需要设置。基准点和工作基点应形成闭合环或形成由附合路线构成的节点网。

(2)高程基准点和工作基点位置的选择应符合下列规定：

①高程基准点和工作基点应避开交通干道主路、地下管线、仓库堆栈、水源地、河岸、松软填土、滑坡地段、机器振动区以及其他可能使标石、标志易遭腐蚀和破坏的地方。

②高程基准点应选设在变形影响范围以外且稳定、易于长期保存的地方。在建筑区内，其点位与邻近建筑的距离应大于建筑基础最大宽度的2倍，其标石埋深应大于邻近建筑基础的深度。高程基准点也可选择在基础深且稳定的建筑上。

③高程基准点、工作基点之间应便于进行水准测量。当使用电磁波测距三角高程测量方法进行观测时，应使各点周围的地形条件一致。当使用静力水准测量方法进行沉降观测时，用于联测观测点的工作基点应与沉降观测点设在同一高程面上，偏差不应超过±1cm。当不能满足这一要求时，应设置上下高程不同但位置垂直对应的辅助点传递高程。

（3）高程基准点和工作基点标石、标志的选型及埋设应符合下列规定：

①高程基准点的标石应埋设在基岩层或原状土层中，可根据点位所在处的不同地质条件，选埋基岩水准基点标石，深埋双金属管水准基点标石，深埋钢管水准基点标石、混凝土基本水准标石。在基岩壁或稳固的建筑上也可埋设墙上水准标志。

②高程工作基点的标石可按点位的不同要求，选用浅埋钢管水准标石、混凝土普通水准标石或墙上水准标志等。

③标石(志)的形式见下节内容。特殊土质地区和有特殊要求的标石(志)规格及埋设应另行设计。

（4）高程控制测量宜使用水准测量方法。对于二、三级沉降观测的高程控制测量，当不便使用水准测量时，可使用电磁波测距三角高程测量方法。

3.2.3 沉降监测网(点)标志的规格及埋设要求

1. 沉降监测基准点的构造与埋设

基准点应埋设在工程建筑物所引起的变形影响范围以外，尽可能埋设在稳定的基岩上。当观测场地覆盖土层很浅时，基准点可采用图3.1所示的岩层水准基点标石，或者采用图3.2所示的混凝土基本水准标石。

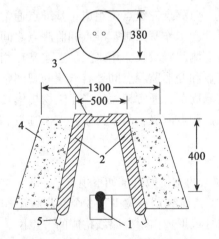

1—抗蚀金属标志；2—钢筋混凝土圈；
3—井盖；4—砌石土丘；5—井圈保护层

图 3.1 岩层水准基点标石(单位：mm)

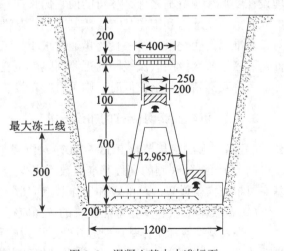

图 3.2 混凝土基本水准标石

38

当覆土层较厚时，可采用图 3.3 所示的深埋钢管水准基点标石。为了避免温度变化对观测标志高程的影响，还可采用图 3.4 所示的深埋双金属管水准基点标石。

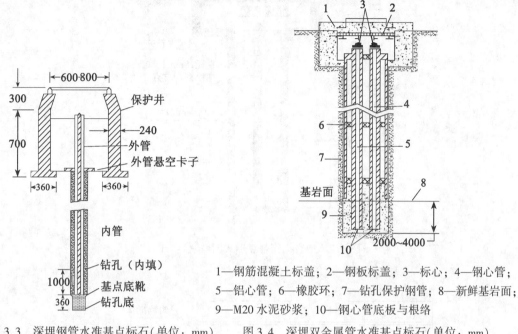

1—钢筋混凝土标盖；2—钢板标盖；3—标心；4—钢心管；
5—铝心管；6—橡胶环；7—钻孔保护钢管；8—新鲜基岩面；
9—M20 水泥砂浆；10—钢心管底板与根络

图 3.3　深埋钢管水准基点标石(单位：mm)　图 3.4　深埋双金属管水准基点标石(单位：mm)

2. 沉降监测工作基点的构造与埋设

工作基点的标石可按点位的不同要求选埋图 3.5 所示的浅埋钢管标石，或者选埋图 3.6 所示的混凝土普通水准标石。工作基点埋设时，与邻近建筑物的距离不得小于建筑物基础深度的 1.5~2.0 倍。

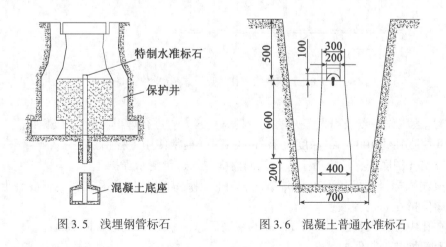

图 3.5　浅埋钢管标石　　　　图 3.6　混凝土普通水准标石

实际工程中，沉降监测工作基点还可以埋设成图 3.7 所示的地表工作基点形式或图

3.8 所示的建筑物上工作基点形式，其埋设方法如下：

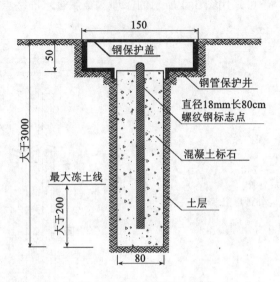

图 3.7 地表工作基点形式图(单位：mm)

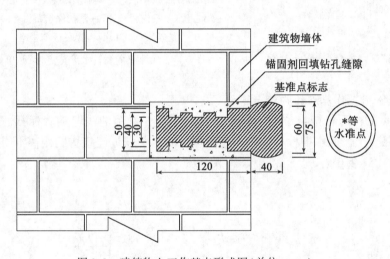

图 3.8 建筑物上工作基点形式图(单位：mm)

(1)地表工作基点采用人工开挖或钻具成孔的方式进行埋设，埋设步骤如下：

①开挖直径约 100mm、深度大于 3m 的孔洞(通常使用工程钻具)；

②夯实孔洞底部，清除渣土，向孔洞内部注入适量清水养护；

③灌注入标号不低于 C20 的混凝土，并使用震动机具使之灌注密实，混凝土顶面距地表距离保持在 5cm 左右；

④在孔中心置入长度不小于 80cm 的钢筋标志，露出混凝土面 1~2cm；

⑤上部加装钢制保护盖；

⑥养护 15 天以上。

（2）建筑物上工作基点采用钻具成孔方式进行埋设，埋设步骤如下：

①使用电动钻具在选定建筑物部位钻直径 65mm、深度约 122mm 的孔洞；

②清除孔洞内渣滓，注入适量清水养护；

③向孔洞内注入适量搅拌均匀的锚固剂；

④放入观测点标志；

⑤使用锚固剂回填标志与孔洞之间的空隙；

⑥养护 15 天以上。

3. 沉降监测点的构造与埋设

沉降监测点通常使用隐蔽式标志和显式标志，隐蔽式标志包括窖井式标志、盒式标志和螺栓式标志。窖井式标志适用于建筑内部埋设，如图 3.9 所示；盒式标志适用于设备基础上埋设，如图 3.10 所示；螺栓式标志适合于墙体上埋设，如图 3.11 所示；

如图 3.12 所示的是埋设在建筑物墙上或基础地面上的沉降监测点，图 3.13 为实物图。

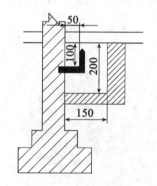 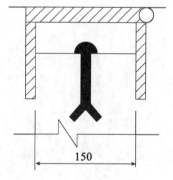

图 3.9　窖井式标志(单位：mm)　　图 3.10　盒式标志(单位：mm)

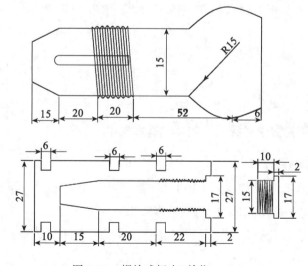

图 3.11　螺栓式标志(单位：mm)

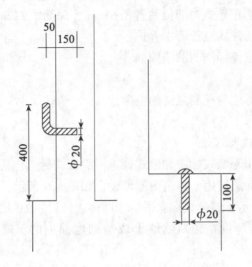

图 3.12　墙上或基础地面上沉降监测点示意图(单位：mm)

图 3.13　墙上或基础地面上沉降监测点实物图

3.3　几何水准测量法

3.3.1　用水准测量方法进行沉降监测的基本规定

1. 国家水准测量规范要求

《国家一、二等水准测量规范》(GB/T12897—2006)中规定，一等和二等水准测量属于精密水准测量，对精密水准测量的各项技术要求有如下规定：

(1)测站视线长度、前后视距差、视线高度、数字水准仪重复读数次数要求见表3.1。

表 3.1 一、二等水准测量测站视线要求规定

等级	仪器类别	视线长度(m)		前后视距差(m)		任意测站前后视距累积差(m)		视线高度(m)		数字水准仪重复测量次数
		光学	数字	光学	数字	光学	数字	光学	数字	
一等	DSZ05, DS05	≤30	≥4且≤30	≤0.5	≤1.0	≤1.5	≤3.0	≥0.5	≤2.80且≥0.65	≥3次
二等	DSZ1, DS1	≤50	≥3且≤50	≤1.0	≤1.5	≤3.0	≤6.0	≥0.3	≤2.80且≥0.55	≥2次

(2)测站观测限差要求见表 3.2。

表 3.2 一、二等水准测量测站限差要求规定

等级	上下丝读数平均值与中丝读数之差(mm)		基辅分划读数差(mm)	基辅分划所测高差之差(mm)	检测间歇点高差之差(mm)
	0.5cm 刻划标尺	1cm 刻划标尺			
一等	1.5	3.0	0.3	0.4	0.7
二等	1.5	3.0	0.4	0.6	1.0

注：1. 使用双摆位自动安平水准仪观测时，不计算基辅分划读数差；

2. 对于数字水准仪，同一标尺两次读数差不设限差，两次读数所测高差之差执行基辅分划所测高差之差；

3. 测站观测限差超限，在本站发现可立即重测，若迁站后才检查发现，则应从水准点或间歇点开始重新观测。

(3)往返测高差不符值、环闭合差和检测高差之差的限差要求见表 3.3。

表 3.3 一、二等水准测量路线不符值限差规定

等级	测段、区段、路线往返测高差不符值(mm)	附和路线闭合差(mm)	环闭合差(mm)	检测已测测段高差之差(mm)
一等	$1.8\sqrt{K}$	—	$2\sqrt{F}$	$3\sqrt{R}$
二等	$4\sqrt{K}$	$4\sqrt{L}$	$4\sqrt{F}$	$6\sqrt{R}$

注：K 为测段、区段或路线长度(km)，当测段长度小于 0.1km 时，按 0.1km 计算；

L 为附和路线长度(km)；

F 为环线长度(km)；

R 为检测测段长度(km)。

2. 建筑变形测量规范的要求

《建筑变形测量规范》(JGJ8—2007)中将建筑变形测量的级别分为特级、一级、二级、

三级共四个等级，其中，对沉降观测的要求，应符合下列规定：

（1）各等级水准测量使用的仪器型号和标尺类型应符合表3.4的规定。

表3.4 水准测量的仪器型号和标尺类型

级别	使用的仪器型号			标尺类型		
	DS05/ DSZO5 型	DS1/ DSZ1 型	DS3/ DSZ3 型	铟瓦尺	条码尺	区格式 木质标尺
特级	✓	✗	✗	✓	✓	✗
一级	✓	✗	✗	✓	✓	✗
二级	✓	✓	✗	✓	✓	✗
三级	✓	✓	✓	✓	✓	✓

注："✓"表示允许使用，"✗"表示不允许使用。

（2）一、二、三级水准测量的观测方式应符合表3.5的规定。

表3.5 一、二、三级水准测量观测方式

级别	高程控制测量、工作基点联测及 首次沉降观测			其他各次沉降观测		
	DS05/ DSZO5 型	DS1/ DSZ1 型	DS3/ DSZ3 型	DS05/ DSZO5 型	DS1/ DSZ1 型	DS3/ DSZ3 型
一级	往返测	—	—	往返测或单程 双测站	—	—
二级	往返测或单程 双测站	往返测或单程 双测站	—	单程观测	单程双测站	—
三级	单程双测站	单程双测站	往返测或单程 双测站	单程观测	单程观测	单程双测站

（3）特级水准观测的观测次数可根据所选精度和使用的仪器类型，按下式估算并作调整后确定：

$$r = (m_0/m_h)^2 \tag{3.6}$$

式中，m_0 为测站高差中误差；m_h 为水准仪单程观测每测站高差中误差估值。对 DS05 和 DSZ05 型仪器，m_0 可按下式计算：

$$m_0 = 0.025 + 0.029 \times S \tag{3.7}$$

式中，S 为视线最长长度（m）。对按公式（3.6）估算的结果，应按下列规定执行：

①当 $1 < r \leq 2$ 时，应采用往返观测或单程双测站观测；

②当 2<r<4 时，应采用两次往返观测或正反向各按单程双测站观测；

③当 r≤1 时，对高程控制网的首次观测、复测、各周期观测中的工作基点稳定性检测及首次沉降观测，应进行往返测或单程双测站观测。从第二次沉降观测开始，可进行单程观测。

（3）水准观测的视线长度、前后视距差和视线高度应符合表 3.6 的规定。

表 3.6　　　　水准观测的视线长度、前后视距差和视线高度（m）

级别	视线长度	前后视距差	前后视距差累计	视线高度
特级	≤10	≤0.3	≤0.5	≥0.8
一级	≤30	≤0.7	≤1.0	≥0.5
二级	≤50	≤2.0	≤3.0	≥0.3
三级	≤75	≤5.0	≤8.0	≥0.2

注：1. 视线高度为下丝读数；

2. 当采用数字水准仪观测时，最短视线长度不宜小于 3m，最低水平视线高度不宜低于 0.55m。

（2）水准观测的限差应符合表 3.7 的规定。

表 3.7　　　　水准观测的限差（mm）

级别		基辅分划读数之差	基辅分划所测高差之差	往返较差及附和或环线闭合差	单程双测站所测高差较差	检测已测测段高差之差	仪器 i 角（″）
特级		0.15	0.2	≤$0.1\sqrt{n}$	≤$0.07\sqrt{n}$	≤$0.15\sqrt{n}$	≤10″
一级		0.3	0.5	≤$0.3\sqrt{n}$	≤$0.2\sqrt{n}$	≤$0.45\sqrt{n}$	≤15″
二级		0.5	0.7	≤$1.0\sqrt{n}$	≤$0.7\sqrt{n}$	≤$1.5\sqrt{n}$	≤15″
三级	光学测微法	1.0	1.5	≤$3.0\sqrt{n}$	≤$2.0\sqrt{n}$	≤$1.5\sqrt{n}$	≤20″
	中丝读数法	2.0	3.0				

注：1. 当采用数字水准仪观测时，对同一尺面的两次读数不设限差，两次读数所测高差之差的限差执行基辅分划所测高差之差的限差；

2. n 为测站数。

3.3.2　水准仪及水准尺的要求

使用的水准仪、水准标尺在项目开始前和结束后应进行检验，项目进行中也应定期检验。当观测成果出现异常，经分析与仪器有关时，应及时对仪器进行检验与校正。检验和校正应按现行国家标准《国家一、二等水准测量规范》（GB/T12897—2006）的规定执行。检验后应符合下列要求：

（1）对用于特级水准观测的仪器，i 角不得大于 10″；对用于一、二级水准观测的仪器，i 角不得大于 15″；对用于三级水准观测的仪器，i 角不得大于 20″。补偿式自动安平水准仪的补偿误差绝对值不得大于 0.2″。

（2）水准标尺分划线的分米分划线误差和米分划间隔真长与名义长度之差，对线条式铟瓦合金标尺不应大于 0.1mm，对区格式木质标尺不应大于 0.5mm。

3.3.3 水准观测作业的要求

（1）应在标尺分划线成像清晰和稳定的条件下进行观测。不得在日出后或日落前约半小时、太阳中天前后、风力大于四级、气温突变时以及标尺分划线的成像跳动而难以照准时进行观测。阴天可全天观测。

（2）观测前半小时，应将仪器置于露天阴影下，使仪器与外界气温趋于一致。设站时，应用测伞遮蔽阳光。迁站时，应罩以仪器罩。使用数字水准仪前，还应进行预热。

（3）使用数字水准仪时，应避免望远镜直接对着太阳，并避免视线被遮挡。仪器应在其生产厂家规定的温度范围内工作。振动源造成的振动消失后，才能启动测量键。当地面振动较大时，应随时增加重复测量次数。

（4）每测段往测与返测的测站数均应为偶数，否则，应加入标尺零点差改正。由往测转向返测时，两标尺应互换位置，并应重新整置仪器。在同一测站上观测时，不得两次调焦。转动仪器的倾斜螺旋和测微鼓时，其最后旋转方向均应为旋进。

（5）在连续各测站上安置水准仪时，应使其中两只脚螺旋与水准路线方向一致，而第三只脚螺旋轮换置于路线方向的左侧与右侧。

（6）每一测段的水准路线上，应进行往测和返测，一个测段的水准路线的往测和返测应尽可能在不同的气象条件下进行（如上午或下午）。

（7）对各周期观测过程中发现的相邻观测点高差变动迹象、地质地貌异常、附近建筑基础和墙体裂缝等情况，应做好记录，并画草图。

3.3.4 二等精密水准测量的实施

二等水准测量按往返测进行，往测奇数站的观测程序为"后前前后"，偶数站的观测程序为"前后后前"；返测的观测程序与往测相反，即奇数测站采用"前后后前"，而偶数测站采用"后前前后"的观测程序。

所谓"后前前后"，即为：
（1）照准，并读取后视水准标尺的基本分划；
（2）照准，并读取前视水准标尺的基本分划；
（3）照准，并读取前视水准标尺的辅助分划；
（4）照准，并读取后视水准标尺的辅助分划。

而所谓"后前前后"，即为：
（1）照准，并读取前视水准标尺的基本分划；
（2）照准，并读取后视水准标尺的基本分划；
（3）照准，并读取后视水准标尺的辅助分划；
（4）照准，并读取前视水准标尺的辅助分划。

1. 光学精密水准仪二等精密水准测量外业观测方法

下面以"后前前后"为例，说明用光学精密水准仪二等水准测量每一站的操作步骤。

(1)整平仪器。要求望远镜转至任何方向时，符合水准气泡两端影像分离不超过1cm，对于自动安平水准仪，要求圆气泡位于指标圆环中央。

(2)照准后视水准标尺，旋转倾斜螺旋，使符合水准气泡近于符合，随后用上、下视距丝照准基本分划进行视距读数，读至毫米即可。然后使符合水准器两端影像精密符合，转动测微器，使楔形平分丝精确夹准基本分划，并读取基本分划和测微器读数，尺面上读取三位数(m、dm、cm)，测微器里读取三位数(mm及以下)，共六位数，精确到0.1mm，估读到0.01mm。

(3)照准前视水准标尺，并使符合水准器泡两端影像精密符合，用楔形平分丝精确夹准基本分划，读取基本分划和测微器读数。然后用上、下视距丝照准基本分划读取视距读数。

(4)用水平微动螺旋转动望远镜，照准前视水准标尺的辅助分划，使符合水准器泡精密符合，读取辅助分划和测微器读数，共六位读数。

(5)照准后视水准标尺的辅助分划，使符合水准气泡精密符合，读取辅助分划和测微器读数，共六位读数。

2. 电子精密水准仪二等精密水准测量外业观测方法

下面以"后前前后"为例，说明用电子精密水准仪二等水准测量每一站的操作步骤。

(1)整平仪器(望远镜绕垂直轴旋转，圆气泡始终位于指标环中央)。

(2)将望远镜对准后视标尺(此时标尺应按圆水准器整置于垂直位置)，用垂直丝照准条码中央，精确调焦至条码影像清晰，按测量键。

(3)显示读数后，旋转望远镜照准前视标尺中央，精确调焦至条码影像清晰，按测量键。

(4)显示读数后，重新照准前视标尺，按测量键。

(5)显示读数后，旋转望远镜照准后视标尺条码中央，精确调焦至条码影像清晰，按测量键，显示测站成果。测站检查合格后迁站。

3. 电子精密水准仪二等精密水准测量参数设置方法

开始测量前，应对精密电子水准仪进行如下设置：往返测设置、测量等级设置为二等、读数次数设置为2次、观测顺序设置为aBFFB、高程显示位数设置为0.01mm、距离显示位数设置为0.1m、视距长上限值设置为50m、视距长下限值设置为3m、视线高上限值设置为2.8m、视距高下限值设置为0.55m、前后视距差限值设置为1.5m、视距差累计值限值设置为6m、两次读数差限值设置为0.4mm、两次所测高差之差限值设置为0.6mm，等等。

3.3.5 精密水准仪及水准尺的检验

精密水准仪的检验项目包括：
(1)水准仪及脚架各部件的检视；
(2)圆水准器安置正确性的检验与校正；

（3）光学测微器效用正确性的检验及分划值的测定；

（4）视准轴与水准管轴相互关系的检验及校正（必检项目）。

精密水准尺的检验项目包括：

（1）水准尺各部件是否牢固无损的检视；

（2）水准标尺上圆水准器安置正确性的检验与校正；

（3）水准标尺分划面弯曲差（矢矩）的测定；

（4）水准标尺分划线每米分划间隔真长的测定（必检项目）；

（5）一对水准标尺零点与零点差及基辅分划读数差常数的测定。

3.3.6 i 角误差的检验与校正

在精密水准测量中测定 i 角的通用方法及步骤如下：

（1）在平坦地面上选择 A、B 两个立尺点，其距离为 $S=20.6\text{m}$。再在同一直线上，选择两个仪器点 J_1 和 J_2，如图 3.14 所示，J_1A 和 J_2B 的距离也是 $S=20.6\text{m}$。

（2）先在 J_1 点观测，照准 A、B 两点的水准尺，各读取四次读数，取四次读数平均值为 a_1 和 b_1。如果 $i=0$，正确读数应该是 a_1' 和 b_1'，所以由 i 角引起的读数误差，在 A 点是 Δ，在 B 点是 2Δ。

（3）同样，在 J_2 点观测时，照准 A 和 B 点水准标尺所得读数的平均数为 a_2 和 b_2，正确的读数是 a_2' 和 b_2'，读数误差分别是 2Δ 和 Δ。

（4）最后结果计算为

$$\Delta = \frac{1}{2}\big[(a_2 - b_2) - (a_1 - b_1)\big] \tag{3.8}$$

$$i = \frac{\Delta}{S}\rho'' = 10\Delta \tag{3.9}$$

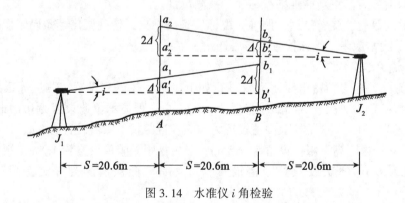

图 3.14　水准仪 i 角检验

式中，a_2-b_2 和 a_1-b_1 为仪器在 J_2 和 J_1 点读数平均数之差，Δ 以 mm 为单位。如果 i 角大于 $15''$，就需要进行校正。校正方法及步骤是：

①校正在 J_2 站上进行，先计算照准水准标尺 A 上的正确读数 $a_2'（a_2'=a_2-2\Delta）$，将 a_2' 的后三位数字安置在测微器上，转动倾斜螺旋，使楔形丝夹准 a_2' 的前三位数字的分划线。

②校正水准器的上、下两个改正螺旋，直至气泡居中。

③再检查另一水准标尺 B 的正确读数是否为 $b'_2(b'_2 = b_2 - \Delta)$。

④校正后，应重新测定一次 i 角，必要时再进行校正，直至 i 角符合要求为止。

3.4 液体静力水准测量法

3.4.1 液体静力水准测量的适用条件

液体静力水准测量又称为连通管测量，经常应用在不便于使用几何水准测量的情况下进行沉降监测，其优点是两测点间无需通视，观测精度高，可实现自动化观测。如在人不能达到、爆炸危险、内部通道窄小、通视状况不佳、光线昏暗、严重污染、超量辐射的地方，用液体静力水准测量比较有利。

液体静力水准测量是利用静止液面原理来传递高程，利用连通器原理测量各点位容器内液面高差，以测定各点沉降，可以测出两点或多点间的高差，经常应用于混凝土坝基础廊道和土石坝表面沉降观测，也可应用在地震、地质、电站、大坝、核电站、地铁、隧道等科学研究领域和精密工程监测领域。图 3.15 所示为埋入式液体水准测量示意图。

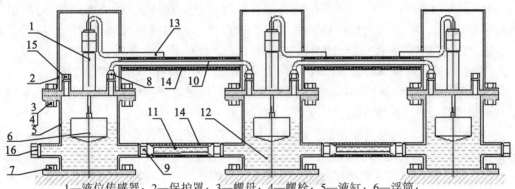

1—液位传感器；2—保护罩；3—螺母；4—螺栓；5—液缸；6—浮筒；
7—地脚螺栓；8—气管接头；9—液管接头；10—气管；11—液管；
12—防冻液；13—导线；14—PVC 钢丝软管；15—气管堵头；16—液管堵头

图 3.15　埋入式液体水准测量示意图

3.4.2 液体静力水准测量的使用方法

1. 液体静力水准仪安装方法及注意事项

(1)准备工作：测量出各沉降测试点标高，通过标高数据，确定沉降观测点安装孔（ϕ400mm）开挖深度，确保沉降观测点与基准点标高一致（即在同一水平面上），基准点也可略低于沉降观测点（一般为全量程的 30% 左右），以充分利用其量程范围。将各沉降测试点之间挖一条沟槽，用以埋设连通管。准备好安装时要用到的扳手，生料带，注水工具，液、气管(ϕ1418铝塑管)，防冻液(冰点-25℃)，硅油，气管接头(ϕ1418、1/2搭接、一头带内丝、铜质)，纯净水，PVC钢丝软管，读数仪，水平尺。将防冻液跟纯净水按3∶1的比例调配好。

(2)根据各测试点的距离，剪切好适当长度的液、气管(根据设计要求，静力水准仪一般布置在桥台、隧道与路基结构物分界处两侧的线路中心线上，每侧各一个，相距2m)，将其套上钢丝软管，并将液、气口裹好生料带。用液管和接头将所有液位沉降计液口连接通(接头带内丝端接液口，另一端接水管)。用堵头封闭液位沉降计的气口和末端液口。

(3)在输入防冻液时，把首、尾两端沉降计的气口打开，将其形成高低差，往高端沉降计(首端)输液口进行灌注已调配好的防冻液，另一端则排气(注意，只能一直从选定的一端灌注防冻液，否则连通管内的空气无法排尽)，灌注适量防冻液后，把液位沉降计、液管同时一起放入安装孔内、沟槽中，用地脚螺栓将液位沉降计固定好，并用水平尺确定其水平，打开其他液位沉降计气口。在液位表面倒上适量硅油，防止液体蒸发。

(4)用读数仪读出各液位沉降计的读数，判断各液位沉降计是否处于要求的合适位置(基准点和各沉降观测点的液位沉降计液位浮至全量程的中间值即可，若基准点略低于各沉降观测点全量程30%左右，就只使各沉降观测点的液位沉降计液位浮至全量程中间值偏下15%左右，基准点高于中间值偏上15%左右)；若不够，则添加至要求液位为止。

(5)加液完备后，用气管和接头将各液位沉降计气口连接通(接头带内丝端接气口，另一端接气管)。将首端液位沉降计的气口、输液口及尾端液位沉降计的气口用堵头封闭，检查液、气管各连接头密封情况是否完好，必须保证其完全密封。

(6)连接好各液位沉降计数据线，并用PVC钢丝软管套好，布于布管沟槽内。

(7)装好液位沉降计的保护罩，对安装孔和布管沟槽进行回填至碾压面，并压实。记录各液位沉降计埋设位置、编号、天气、埋设人员。

(8)制作标示牌，将其插在液位沉降计安装位置及其连通管布管位置以作为标示。在液位沉降计上方填筑层较薄的情况下，仪器附近1m范围内土方或碎石应用人工摊平及小型机具碾压，不得采用大型机械碾压，并派专人负责看管，以防液位沉降计及总线因施工或自然因素而破坏。

(9)校零、取初值。进行校零，并存档，做好静力水准仪安装记录。

(10)根据测试要求进行测试。若连通液位沉降计用自动采集系统进行数据采集，校零后，将电源、数据总线对接于总线接口数据采集模块接线端子，设定自动采集。

2. 液体静力水准测量的计算方法

静力水准仪由液缸、浮筒、精密液位计、保护罩等部件组成，适用于测量参考点与测试点之间土体的相对位移，主要用于各种过渡段线形沉降，沿纵向对结构物之间的沉降差进行监测。静力水准仪利用连通液的原理，多支通用连通管连接在一起的储液罐的液面总是在同一水平面，通过测量不通储液罐的液面高度，经过计算可以得出各个静力水准仪的相对差异沉降。假设共用1，…，n个观测点，各个观测点之间已用连通管连通。

安装完毕后，初始状态时各测点的安装高程分别为Y_{01}，…，Y_{0i}，…，Y_{0j}，…，Y_{0n}，各测点的液面高度分别为h_{01}，…，h_{0i}，…，h_{0j}，…，h_{0n}，如图3.16所示。

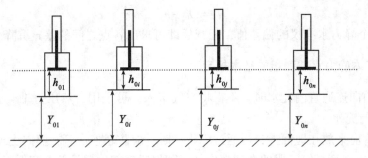

图 3.16　液体静力水准测量初始状态

对于初始状态，显然有：　　　$Y_{01}+h_{01}=\cdots=Y_{0i}+h_{0i}=\cdots=Y_{0j}+h_{0j}=\cdots=Y_{0n}+h_{0n}$　　　(3.10)

当第 k 次发生不均匀沉降后，各测点由于沉降而引起的变化量分别为：Δh_1，$\cdots$，Δh_i，$\cdots$，Δh_j，$\cdots$，Δh_n，各测点的液面高度变化为 h_{k1}，$\cdots$，h_{ki}，$\cdots$，h_{kj}，$\cdots$，h_{kn}，如图 3.17 所示。

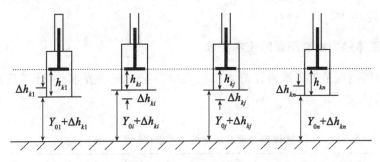

图 3.17　液体静力水准测量不均匀沉降后状态

由于液面的高度还是相同的，因此：

第 j 个观测点相对于基准点 i 的相对沉降量为

$$(Y_{01}+\Delta h_{k1})+h_{k1}=\cdots=(Y_{0i}+\Delta h_{ki})+h_{k1}=\cdots=(Y_{0j}+\Delta h_{kj})+h_{kj}=\cdots=(Y_{0n}+\Delta h_{kn})+h_{kn} \qquad (3.11)$$

由式(3.11)可以得出：

$$H_{ji}=\Delta h_{kj}-\Delta h_{ki} \qquad (3.12)$$

由式(3.10)可以得出：

$$\Delta h_{kj}-\Delta h_{ki}=(Y_{0j}+h_{kj})-(Y_{0i}+h_{ki})=(Y_{0j}-Y_{0i})+(h_{kj}-h_{ki}) \qquad (3.13)$$

$$Y_{0j}-Y_{0i}=-(h_{0j}-h_{0i}) \qquad (3.14)$$

将式(3.14)代入式(3.13)，即可得出第 j 个观测点相对于基准点 i 的相对沉降量：

$$H_{ji}=(h_{kj}-h_{ki})-(h_{0j}-h_{0i}) \qquad (3.15)$$

由式(3.15)可以看出，只要能够测出各点不同时间的液面高度值，即可计算出各点在不同时刻的相对差异沉降值。

安装完毕，待液面稳定后，可以先对传感器调零，此时各个液面的初始高度值(偏差

值)均为零,于是式(3.15)可以简化为

$$H_{ji} = (h_{kj} - h_{ki})$$
(3.16)

即只需读出各个静力水准仪的偏差值,相减后即可求出各点之间的差异沉降。

3.4.3 液体静力水准测量的基本规定

(1)观测前向连通管内充水时,不得将空气带入,可采用自然压力排气充水法或人工排气充水法进行充水。

(2)连通管应平放在地面上,当通过障碍物时,应防止连通管在竖向出现 Ω 形而形成滞气"死角"。连通管任何一段的高度都应低于蓄水罐底部,但最低不宜低于 20cm。

(3)观测时间应选在气温最稳定的时段,观测读数应在液体完全呈静态下进行。

(4)测站上安置仪器的接触面应清洁、无灰尘杂物。仪器对中误差不应大于±2mm,倾斜度不应大于 10′。使用固定式仪器时,应有校验安装面的装置,校验误差不应大于±0.05mm。

(5)宜采用两台仪器对向观测。条件不具备时,可采用一台仪器往返观测。每次观测,可取 2~3 个读数的中数作为一次观测值。根据读数设备的精度和沉降观测级别,读数较差限值宜为 0.02~0.04mm。

3.4.4 液体静力水准测量的技术要求

各种变形监测规范对各级液体静力水准测量都有一定的要求,《建筑变形测量规程》中的技术要求见表 3.8。

表 3.8　　　　　　　　**液体静力水准观测技术要求(单位:mm)**

等级	仪器类型	读数方式	两次观测高差较差	环线或复合路线闭合差
特级	封闭式	接触式	±0.1	$±0.1\sqrt{n}$
一级	封闭式、敞口式	接触式	±0.3	$±0.3\sqrt{n}$
二级	敞口式	目视式	±1.0	$±1.0\sqrt{n}$
三级	敞口式	目视式	±3.0	$±3.0\sqrt{n}$

注:n 为测段的测站数。

3.5　精密三角高程测量法

尽管精密水准测量是沉降监测的最主要方法,但在一些高差起伏较大、路线状况较差的地区,水准测量实施将很困难,而随着可自动照准的高精度全站仪的发展,使得电磁波测距三角高程的应用更加广泛,若能用精密三角高程代替精密水准测量进行沉降监测,则可大大降低工作强度,提高效率。

如果使用两台仪器同时对向观测,则有利于削减大气垂直折光影响;在一个测段上对

向观测的边为偶数条边，避免量取仪器高和觇标高；限制观测边的长度和高度角，减少大气垂直折光和相对垂线偏差的影响，这些手段都可以有效地提高电磁波测距三角高程的精度。

3.5.1 单向观测及其精度

单向观测法即将仪器安置在一个已知的高程点上（通常为工作基点），观测工作基点到沉降监测点的水平距离 D、垂直角 α、仪器高 i 和目标高 v，计算两点之间的高差。顾及大气折光系数 K 和垂线偏差的影响，单向观测计算高差的公式为

$$h = D \cdot \tan\alpha + \frac{1-K}{2R} \cdot D^2 + i - v + (u_1 - u_m) \cdot D \qquad (3.17)$$

式中，u_1 为测站在观测方向上的垂线偏差；u_m 为观测方向上各点的平均垂线偏差。

因垂线偏差对高差的影响虽随距离的增大而增大，但在平坦地区边长较短时，垂线偏差的影响极小，且在各期沉降量的相对变化中得到抵消，通常可忽略不计。因此，式（3.17）变为

$$h = D \cdot \tan\alpha + \frac{1-K}{2R} \cdot D^2 + i - v \qquad (3.18)$$

高差中误差为

$$m_h^2 = \tan^2\alpha \cdot m_D^2 + D^2 \cdot \sec^2\alpha \frac{m_\alpha^2}{\rho^2} + m_i^2 + m_v^2 + \frac{D^2}{4R^2}m_K^2 \qquad (3.19)$$

由式（3.19）可以看出，影响三角高程测量精度的因素有测距误差 m_D、垂直角观测误差 m_α、仪器高量测误差 m_i、目标高量测误差 m_v、大气折光误差 m_K，采用高精度的测距仪器和短距离测量，可大大减弱测距误差的影响。垂直角观测误差对高程中误差的影响较大，且与距离成正比的关系，观测时应采用高精度的测角仪器，并采取有关措施提高观测精度；监测基准点一般采用强制对中设备，仪器高的量测误差相对较小，对非强制对中点位，可采用适当的方法提高量取精度；因监测项目不同，监测点的标志有多种，应根据具体情况采用适当的方法减少目标高的量测误差；大气折光误差随地区、气候、季节、地面覆盖物、实际超出地面的高度等的不同而发生变化，其影响与距离的平方成正比，其取值误差是影响三角高程精度的主要部分，对小区域短边三角高程测量影响程度小。

3.5.2 对向观测及其精度

若采用对向观测，根据式（3.17），设 $D_{12} \approx D_{21} = D$，$\Delta k = K_1 - K_2$，计算高差的公式为

$$h = \frac{1}{2}(\tan\alpha_{12} - \tan\alpha_{21}) - \frac{\Delta K}{4R} \cdot D^2 + \frac{1}{2}(i_1 - i_2) + \frac{1}{2}(v_1 - v_2) \qquad (3.20)$$

若设 $m_{i_1} \approx m_{i_2} = m_i$，对向观测高差中误差可写为

$$m_h^2 = \frac{1}{4}(\tan\alpha_{12} - \tan\alpha_{21})^2 \cdot m_D^2 + \frac{1}{4}D^2(\sec^4\alpha_{12} + \sec^4\alpha_{21})\frac{+m_\alpha^2}{\rho^2} + \frac{D^2}{16R^2}m_{\Delta K}^2 + \frac{m_i^2 + m_v^2}{2}$$

$$(3.21)$$

采用对向观测时，K_1 和 K_2 严格意义上虽不完全相同，但对高差的影响不是 K 值取值

误差的本身，而是体现在 K 值的差值 ΔK 上，在较短的时间内进行对向观测可以更好地减少 ΔK 值，视线较短时，ΔK 值对高差的影响甚至可忽略不计。这种方法对监测点标志的选择有较高的要求，作业难度也较大，一般的监测工程较少采用。

3.5.3 中间法观测及其精度

中间法是将仪器安置于已知高程测点 1 和测点 2 之间，通过观测站点 1、2 两点的距离 D_1 和 D，垂直角 a_1 和 a_2，目标 1、2 的高度 v_1 和 v_2，计算 1、2 两点之间的高差。中间法距离较短，若不考虑垂线偏差的影响，其计算公式为

$$h = (D_2\tan\alpha_2 - D_1\tan\alpha_1) + \frac{D_2^2 - D_1^2}{2R} - \left(\frac{D_2^2}{2R}K_2 - \frac{D_1^2}{2R}K_1\right) - (v_2 - v_1) \qquad (3.22)$$

若设 $D_1 \approx D_2 = D$，$\Delta k = K_1 - K_2$，$m_{a_1} = m_{a_2} = ma$，$m_{D1} \approx m_{D2} = m_D$，$m_{v1} \approx m_{v2} = m_v$，则有

$$h = D(\tan\alpha_2 - \tan\alpha_1) + \frac{D_2^2}{2R}\Delta k + (v_2 - v_1) \qquad (3.23)$$

$$m_h^2 = (\tan\alpha_2 - \tan\alpha_1)^2 \cdot m_D^2 + D^2(\sec^4\alpha_2 + \sec^4\alpha_1)\frac{+ m_\alpha^2}{\rho^2} + \frac{D^2}{4R^2}m_{\Delta K}^2 + 2m_v^2 \qquad (3.24)$$

由式(3.22)可以看出，大气折光对高差的影响不是 K 值取值误差的本身，而是体现在 K 值的差值 ΔK 上，虽然 ΔK 对三角高程的精度的影响仍与距离的平方成正比，但由于视线大大缩短，在小区域选择良好的观测条件和观测时段可以极大地减少 ΔK，ΔK 对高差的影响甚至可忽略不计。这种方法对测站点的位置选择有较高的要求。

3.5.4 电磁波测距三角高程技术要求

《建筑变形测量规程》(JGJ8—2007)对电磁波测距三角高程有如下规定：

(1)对水准测量确有困难的二、三级高程控制测量，可采用电磁波测距三角高程测量，并按规定使用专用觇牌和配件。对于更高精度或特殊的高程控制测量确需采用三角高程测量时，应进行详细设计和论证。

(2)电磁波测距三角高程测量的视线长度不宜大于 300m，最长不得超过 500m，视线垂直角不得超过 10°，视线高度和离开障碍物的距离不得小于 1.3m。

(3)电磁波测距三角高程测量应优先采用中间设站观测方式，也可采用每点设站、往返观测方式。当采用中间设站方式时，每站的前后视线长度之差，对于二级不得超过 15m，对于三级不得超过视线长度的 1/10；前后视距差累积，对于二级不得超过 30m，对于三级不得超过 100m。

(4)电磁波测距三角高程测量施测的主要技术要求应符合下列规定：

①三角高程测量边长的测定应采用相应精度等级的电磁波测距仪往返观测各 2 测回。当采取中间设站观测方式时，前后视各观测 2 测回。

②垂直角观测应采用觇牌为照准目标，按要求采用中丝双照准法观测。当采用中间设站观测方式分两组观测时，垂直角观测的顺序宜为：

第一组：后视—前视—前视—后视(照准上目标)；

第二组：前视—后视—后视—前视(照准下目标)。

第二组：前视—后视—后视—前视(照准下目标)。

每次照准后视或前视时，一次正倒镜完成该分组测回数的1/2。中间设站观测方式的垂直角总测回数应等于每点设站、往返观测方式的垂直角总测回数。

③垂直角观测宜在日出后2h至日落前2h的期间内、目标成像清晰稳定时进行。阴天和多云天气可全天观测。

④仪器高、觇标高应在观测前后用经过检验的量杆或钢尺各量测一次，精确读至0.5mm，当较差不大于1mm时，取用中数。采用中间设站观测方式时可不量测仪器高。

⑤测定边长和垂直角时，当测距仪光轴和经纬仪照准轴不共轴，或在不同觇牌高度上分两组观测垂直角时，必须进行边长和垂直角归算后才能计算和比较两组高差。

(5)垂直角观测的测回数与限差见表3.9，三角高程测量的限差见表3.10。

表3.9   垂直角观测的测回数与限差

级别	二级		三级	
仪器类型	DJ05	DJ1	DJ1	DJ2
测回数	4	6	4	6
两次照准目标读数差(″)	1.5	4	4	6
垂直角测回差(″)	2	5	5	7
指标差较差(″)	3			

表3.10   三角高程测量的限差

级别	附和线路或环线闭合差(mm)	检测已测边高差之差(mm)
二级	$\leqslant +4\sqrt{L}$	$\leqslant +6\sqrt{D}$
三级	$\leqslant +12\sqrt{L}$	$\leqslant +18\sqrt{D}$

注：D 为测距边长(km)；L 为附和路线或环线长度(km)。

3.6 沉降观测成果整理

3.6.1 沉降监测数据计算的基本原理

每周期观测后，应及时对观测资料进行整理，计算观测点的沉降量、沉降差以及本周期平均沉降量、沉降速率和累计沉降量。

1. 平均沉降量

由建筑物中所有沉降点的沉降量计算出它的平均沉降量，即

$$S_{\text{平}} = \frac{\sum\limits_{i=1}^{n} S_i}{n} \tag{3.25}$$

式中，n 为建筑物上沉降监测点的个数。

2. 基础倾斜量

设建筑物上同一轴线上有 i、j 两个沉降监测点，其间距为 L，它们在某时刻的沉降量为 S_i 和 S_j，则可计算出轴线方向上的倾斜量为

$$\tau_{ij} = \frac{S_j - S_i}{L} \tag{3.26}$$

3. 基础相对弯曲量(或相对挠度)

设建筑物上同一轴线上有三个沉降监测点 i、k、j，其中，k 到 i 和 j 的距离分别为 l_{ik} 和 l_{kj}，$l_{ij} = l_{ik} + l_{kj}$，三点的沉降量分别为 S_i、S_k、S_j，则相对弯曲量为

$$f = \frac{\Delta S}{l_{ij}} \tag{3.27}$$

其中，

$$\Delta S = S_k - \frac{S_i \cdot l_{kj} + S_j \cdot l_{ik}}{l_{ij}} = \frac{(S_k - S_i) l_{kj} + (S_k - S_j) l_{ik}}{l_{ij}} \tag{3.28}$$

即

$$f = \frac{(S_k - S_i) l_{kj} + (S_k - S_j) l_{ik}}{l_{ij}^2} \tag{3.29}$$

如果，$l_{ik} = l_{kj} = \dfrac{l_{ij}}{2}$，则上式可简化为

$$f = \frac{2S_k - (S_i + S_j)}{2 l_{ij}} \tag{3.30}$$

3.6.2 沉降监测数据处理分析

1. 沉降监测数据平差计算

平差计算要求如下：

(1)平差前，对控制点稳定性进行检验，对各期相邻控制点间的夹角、距离或坐标进行比较，确保起算数据的可靠；平差后，数据取位应精确到 0.1mm。

(2)通过各期沉降监测数据，计算各阶段沉降量、阶段沉降速率、累计沉降量等数据。

2. 沉降监测数据分析原则

(1)观测点的稳定性分析是基于稳定的基准点作为基准点而进行的平差计算成果。

(2)相邻两期观测点的沉降分析通过比较相邻两期的最大沉降量与最大沉降观测误差(取两倍中误差)来进行，当沉降量小于最大误差时，可认为该观测点在这两个周期内没有沉降或沉降不显著。

(3)对多期沉降观测成果，当相邻周期沉降量小，但多期呈现出明显的变化趋势时，应视为有沉降。

监测点预警判断分析原则如下：

(1)将阶段变形速率及累计变形量与控制标准进行比较，如阶段变形速率或累计变形

值小于预警值，则为正常状态；如阶段变形速率或累计变形值大于预警值而小于报警值，则为预警状态；如阶段变形速率或累计变形值大于报警值而小于控制值，则为报警状态；如阶段变形速率或累计变形值大于控制值，则为控制状态。

（2）监控报警值和预警值。根据国家标准《建筑地基基础设计规范》（GB50007—2011）第5.3.4条规定：对砌体承重结构和框架结构的工业与民用建筑物相邻柱基的沉降差，变形允许值≤0.002L，取规范变形允许值为监控报警值；取监控报警值的70%作为监控预警值，即建筑物相邻柱基的沉降差监控预警值≤0.0014L（0.002L×70% = 0.0014L），L为相邻柱基的中心距离（mm）。

（3）如数据显示达到警戒标准时，应结合巡视信息，综合分析施工进度、施工措施情况、基坑围护结构稳定性、周边环境稳定性状态，进行综合判断。

（4）分析确认有异常情况时，应立即通知有关各方，并采取相关措施。

3. 建筑物沉降稳定判断标准

根据《建筑变形测量规范》（JGJ8—2007）规范要求，当最后100d的沉降速率小于0.01~0.04mm/d时可认为已进入稳定阶段。具体取值根据各地区地基土的压缩性能确定。

4. 沉降监测数据统计分析方法

（1）截至最后一期观测，统计得最大累计沉降量为××mm（××观测点），最小累计沉降量为××mm（××观测点），最大沉降差为××mm（××观测点~××观测点），平均累计沉降量为××mm。

（2）在相邻两个观测周期之间，可计算出该观测周期内建筑物的平均沉降速率。如在××××年××月××日至××××年××月××日，时间间隔为××天，其平均沉降量为××mm，平均沉降速率为××mm/d。

（3）计算至最后一次观测（××××年××月××日）止，相邻柱基的最大沉降差为××mm（××观测点~××观测点，这两点相邻柱基的中心距为××mm）。

（4）从荷载-时间-沉降量（P-T-S）关系曲线图的分布情况来看，××观测点沉降曲线与其余观测点沉降曲线相比，存在一定离散现象，分析其原因。

（5）从沉降速度-时间-沉降量（V-T-S）关系曲线图的分布情况来看，××观测点沉降速度与明显快（慢）于其他观测点，分析其原因。

（6）从沉降曲线的沉降趋势来看，观测点沉降曲线在××××年××月以后开始逐渐趋缓，并小于规定值，则表明建筑物基础在××××年××月以后开始逐步进入稳定沉降阶段。

3.6.3 沉降监测成果上交资料

沉降观测完成后应提交下列图表：
（1）沉降观测成果表；
（2）沉降观测点位布置图及基准点图；
（3）P-T-S（荷载-时间-沉降量）曲线图；
（4）V-T-S（沉降速度-时间-沉降量）曲线图；
（5）建筑物等沉降曲线图；

(6)沉降观测分析报告。

◎ 习题与思考题

1. 沉降监测技术有哪些?
2. 何谓沉降监测技术中的"五定"原则?
3. 使用精密电子水准仪沉降观测之前,仪器中设置哪些测量参数?
4. 沉降监测成果应上交哪些资料?

第 4 章　水平位移监测技术

【教学目标】

学习本章，主要了解水平位移监测技术的基础知识，掌握水平位移监测控制网建立方法，掌握常见的水平位移监测方法及仪器的使用方法，掌握水平位移监测成果资料的数据处理方法。

4.1　水平位移监测技术概述

4.1.1　水平位移监测的意义

大型工程建筑物由于本身的自重、混凝土的收缩、基础的沉陷、地基的不稳定及温度的变化等因素，其基础将受到水平方向应力的影响，从而使建筑物本身产生平面位置的相对移动。适时监测建筑物的水平位移量，能有效监控建筑物的安全运行状况，并可根据实际情况采取适当的加固措施，防止事故发生。水平位移监测既可以是在某个轴线上的变化量，也可以是点位的变化量。

水平位移是指建筑物及其地基在水平应力作用下产生的水平移动。水平位移监测是指监测变形体的平面位置随时间而产生的位移大小及方向，并提供变形预报而进行的测量工作。

4.1.2　水平位移监测的基本原理

假设建筑物上某个观测点在第 i 次水平位移监测中测得的坐标为 X_i、Y_i，此点的原始坐标为 X_0、Y_0，则该点的水平位移为

$$\delta_x = X_i - X_0$$
$$\delta_y = Y_i - Y_0 \tag{4.1}$$

在时间 t 内水平位移值的变化用平均变形速度来表示，则在第 i 和 j 次观测相隔的观测周期内，水平位移监测点的平均变形速度为

$$V_{均} = \frac{\delta_i - \delta_j}{t} \tag{4.2}$$

若时间段 t 以年或月作为单位时，则 $V_{均}$ 为年平均变形速度和月平均变形速度。

4.1.3　水平位移监测常用方法

水平位移监测常用的方法有如下几类：

1. 传统大地测量法

传统大地测量法是水平位移监测的传统方法，主要包括交会法、精密导线测量法、三角形网测量法。大地测量法的基本原理是利用交会法、三角测量法等方法重复观测监测点，利用监测点的坐标的变化量计算水平位移量，从而判断建筑物的水平位移情况。这种方法通常需要人工观测，工作强度大，效率较低。交会法受到观测条件限制，图形强度差，不易达到很高的精度。

2. 基准线法

基准线法用来测定变形点到基准线的几何垂直距离，通过距离变化量判断建筑物的水平位移情况。这种方法特别适用于直线型建筑物的水平位移监测，如大坝水平位移监测等。其主要类型包括视准线法、引张线法、激光准直法和垂线法等。

3. GPS 测量法

GPS 以其全天候观测、自动化程度高、观测精度高等优点，逐步成为水平位移监测的主要方法。利用 GPS 有助于实现全自动的水平位移监测，这项技术已在我国的部分水利工程监测中得到应用。这种方法要求监测点布置在卫星信号良好的地方。

4. 应变测量法

应变测量法是用专门的仪器和方法测量两点之间的水平位移，根据其工作原理，可以分成两类，即通过测量两点间的距离变化来计算应变和直接用传感器测量应变。

5. 测量机器人法

测量机器人就是一种能代替人进行自动搜索、辨识、跟踪和精确照准目标，并自动获取角度、距离、坐标以及影像等信息的智能型电子全站仪，在实际变形监测中，包括固定式全自动持续监测方式和移动式半自动监测方式两种。

4.2 水平位移监测网(点)布设

4.2.1 水平位移监测网

为了测定建筑物或场地的水平位移，需在变形特征点处设置一些监测点，称为水平位移监测点。为了测定水平位移监测点的绝对水平位移值，需要设置稳固的点作为参考，这样的参考点叫做水平位移监测基准点。基准点通常要求在变形影响范围以外，所以离监测点较远。有时为了观测方便，在离监测点较近的地方设置相对比较稳固的点，称为工作基点。在工作基点上对监测点进行周期性监测。

水平位移监测基准点通常布设三个以上，由基准点组成的网称为基准网。为了确保基准点数据的可靠性，基准网也需要定期重复观测。条件允许时，所有的监测点也可组成网，称为变形网。当变形网不与基准点联系时，称为相对网；当其与基准点联系时，称为绝对网。相对网是监测变形体的变形，绝对网是获取变形体的整体变形。

基准点、工作基点、监测点共同组成水平位移监测网。当建筑物规模较小、水平位移监测观测精度要求较低时，可直接布设基准点和监测点两级，而不再布设工作基点。

4.2.2 水平位移监测网(点)的布设要求

《建筑变形测量规范》(JGJ 8—2007)对水平位移监测网点的布设做出了如下规定：

(1)平面基准点、工作基点的布设应符合下列规定：

①各级别位移监测的基准点(含方位定向点)不应少于 3 个，工作基点可根据需要设置；

②基准点、工作基点应便于检核校验；

③当使用 GPS 测量方法进行平面或三维控制测量时，基准点位置还应满足下列要求：

a. 应便于安置接收设备和操作；

b. 视场内障碍物的高度角不宜超过 15°；

c. 离电视台、电台、微波站等大功率无线电发射源的距离不应小于 200m；离高压输电线和微波无线电信号传输通道的距离不应小于 50m；附近不应有强烈反射卫星信号的大面积水域、大型玻璃幕墙以及热源等；

d. 通视条件好，应方便后续采用常规测量手段进行联测。

(2)平面基准点、工作基点标志的形式及埋设应符合下列规定：

①对特级、一级位移观测的平面基准点、工作基点，应建造具有强制对中装置的观测墩或埋设专门观测标石，强制对中装置的对中误差不应超过±0.1mm；

②照准标志应具有明显的几何中心或轴线，并应符合图像反差大、图案对称、相位差小和本身不变形等要求。根据点位不同情况，可选用重力平衡球式标、旋入式杆状标、直插式觇牌、屋顶标和墙上标等形式的标志。

③对用做平面基准点的深埋式标志、兼做高程基准的标石和标志以及特殊土地区或有特殊要求的标石、标志及其埋设，应另行设计。

(3)平面控制测量可采用边角测量、导线测量、GPS 测量及三角测量、三边测量等形式。三维控制测量可使用 GPS 测量及边角测量、导线测量、水准测量和电磁波测距三角高程测量的组合方法。

(4)平面控制测量的精度应符合下列规定：

①测角网、测边网、边角网、导线网或 GPS 网的最弱边边长中误差不应大于所选级别的观测点坐标中误差；

②工作基点相对于邻近基准点的点位中误差不应大于相应级别的观测点点位中误差；

③用基准线法测定偏差值的中误差不应大于所选级别的观测点坐标中误差。

(5)除特级控制网和其他大型、复杂工程以及有特殊要求的控制网应专门设计外，对于一、二、三级平面控制网，其技术要求应符合下列规定：

①测角网、测边网、边角网、GPS 网应符合表 4.1 的规定。

表 4.1 平面控制测量技术要求

级别	平均边长 （m）	角度中误差 （″）	边长中误差 （mm）	最弱边边长相对 中误差
一级	200	±1.0	±1.0	1：200000
二级	300	±1.5	±3.0	1：100000
三级	500	±2.5	±10.0	1：50000

注：1. 最弱边边长相对中误差中未计及基线边长影响；

2. 有下列情况之一时，不宜按本规定，应另行设计；

（1）最弱边边长相对中误差不同于表列规定时；

（2）实际平均边长与表列数值相差大时；

（3）采用边角组合网时。

②各级测角、测边控制网宜布设为近似等边三角形网，其三角形内角不宜小于30°；当受地形或其他条件限制时，个别角可放宽，但不应小于25°。宜优先使用边角网，在边角网中应以测边为主，加测部分角度，并合理配置测角和测边的精度。

③导线测量的技术要求应符合表4.2的规定。

表 4.2 导线测量技术要求

级别	导线最弱点点位 中误差(mm)	导线总长 （m）	平均边长 （m）	测边中误差 （mm）	测角中误差 （″）	导线全长 相对闭合差
一级	±1.4	$750C_1$	150	±$0.6C_2$	±1.0	1：100000
二级	±4.2	$1000C_1$	200	±$2.0C_2$	±2.0	1：45000
三级	±14.0	$1250C_1$	250	±$6.0C_2$	±5.0	1：17000

注：1. C_1、C_2为导线类别系数，对附和导线，$C_1 = C_2 = 1$；对独立单一导线，$C_1 = 1.2$，$C_2 = 2$；对导线网，导线总长是指附和点与节点或节点间的导线长度，取$C_1 \leqslant 0.7$，$C_2 = 1$。

2. 有下列情况之一时，不宜按本规定，应另行设计：

（1）导线最弱点点位中误差不同于列表规定时；

（2）实际导线的平均边长和总长与列表数值相差大时。

④选用GPS接收机，应根据需要并符合表4.3的规定。

表 4.3 GPS 接收机的选用

级别	一、二级	三级
接收机类型	双频或单频	双频或单频
标称精度	≤（$3mm + D \times 10^{-6}$）	≤（$5mm + D \times 10^{-6}$）

注：GPS接收机必须经检定合格后方可用于变形测量作业。接收机在使用过程中应进行必要的检验。

⑤GPS 测量的基本技术要求应符合表 4.4 的规定。

表 4.4　　　　　　　　　　　**GPS 测量的基本技术要求**

级别		一级	二级	三级
卫星截止高度角(°)		≥15	≥15	≥15
有效观测卫星数		≥6	≥6	≥4
观测时段长度 （min）	静态	30~90	20~60	15~45
	快速静态	—	—	≥15
数据采样间隔 （s）	静态	10~30	10~30	10~30
	快速静态	—	—	5~15
PDOP		≤5	≤6	≤6

⑥电磁波测距技术要求应符合表 4.5 的规定。

表 4.5　　　　　　　　　　　**电磁波测距的基本技术要求**

级别	仪器精度 等级 （mm）	每边测回数		一测回读数 间较差限差 （mm）	单程测回间 较差限差 （mm）	气象数据测定最小读数		往返或此段间 较差限值
		往	返			温度(℃)	气压(mmHg)	
一级	≤1	4	4	1	1.4	0.1	0.1	
一级	≤3	4	4	3	5.0	0.2	0.5	$\sqrt{2}(a+b \cdot$
一级	≤5	2	2	5	7.0	0.2	0.5	$D \times 10^{-6})$
	≤10	4	4	10	15.0	0.2	0.5	

注：1. 仪器精度等级是根据仪器标称精度，以相应等级级别的平均边长 D 代入计算的测距中误差划分；

2. 一测回是指照准目标一次、读数 4 次的过程；

3. 时段是指测边的时间段，如上午、下午和不同的白天，可采用不同时段观测代替往返观测。

4.2.3　水平位移监测网(点)标志的规格及埋设要求

在水平位移监测的观测标志上，不仅要安放供瞄准用的目标，而且还要安放全站仪、反光棱镜以及精密测距用的专用标志，所以其观测标志，除加工简单、便于埋设、外形美观、方便使用等一般要求外，还要求有较高的平面复位精度。所谓较高的平面复位精度是指在每次观测重复安置仪器或仪器互换位置时，对中的精度要求非常高，所以要求使用强制对中装置。

水平位移监测网平面控制点标志的形式及埋设应符合以下要求：

（1）对于特级、一级、二级及有需要的三级位移观测的控制点，应建造观测墩或埋设专门观测标石，根据使用的仪器和照准标志的类型，同时顾及观测精度要求，配备强制对中装置，如强制对中观测墩。

（2）水平位移监测照准标志应该具有非常清晰明显的纵向几何中心线，并尽可能使观测觇牌的图像颜色反差较大、图案对称、相位差小，便于精确瞄准其几何中心线，所以要使用特制的专业觇牌。根据监测点位置特点，经常选用的照准标志设备有重力平衡球式标、旋入式杆状标、直插式觇牌、屋顶标和墙上标等形式。

1. 强制对中装置

强制对中观测墩就是将带有中心连接螺母孔的强制对中基座埋入混凝土桩顶部，要求盘面和墩身纵向轴线垂直，埋设观测墩时，应用两台经纬仪在互相垂直的两个方向上反复调节预制观测墩，使得墩身垂直，然后在墩身周围灌入水泥砂浆，使其牢固，这样可确保将全站仪用连接杆连入对中螺母时，仪器已达到整平状态。

强制对中观测墩主要用于大坝、隧洞、桥梁、滑坡整治等大型工程监测工作中。图4.1所示为强制对中基座，图4.2所示为强制对中观测墩。为了保护对中基座，通常在顶部加盖保护。

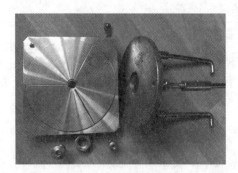 

图4.1　强制对中基座　　　　　　　图4.2　强制对中观测墩

用于水平位移监测的基准点应稳定可靠，能够长期使用。通常情况下，观测墩应建在基岩上；当地表土层覆盖较厚时，可开挖或钻孔至基岩；在条件困难时，可埋设土层混凝土墩，这时，墩的基础应适当加大，并且要开挖至冻土层以下，并在基础下埋设几根钢管，以增加标墩的稳定性。图4.3所示为基岩点观测墩和土层点观测墩示意图。

2. 水平位移监测照准标志

水平位移监测照准标志的基本要求是易于对中和瞄准，还应制作简单、使用方便。实践证明，当目标像与望远镜十字丝同宽、同样明亮，且具有同样反差时，瞄准精度最高。

图4.4所示为各种形式的照准标志，其中，图（a）是最简单的条形图案；图（b）有两种不同宽度的线条，用于照准远近不同的目标；图（c）、图（d）是图（b）的发展，淡颜色背景上的楔形图案便于双丝观测，而深颜色背景上的楔形图案便于单丝观测；图（e）是楔形图案的变形，再加上两个用于竖直角观测的横向楔形；图（f）是一种混合图案，细丝用于照准近距离目标，中间的圆孔用于在背面投射灯光，从而在夜间观测；图（g）用十字丝

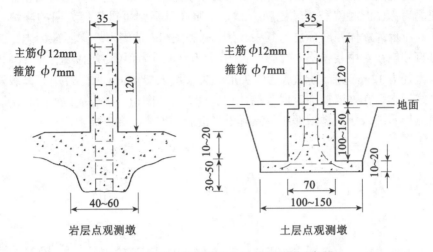

图 4.3　基岩点观测墩和土层点观测墩示意图

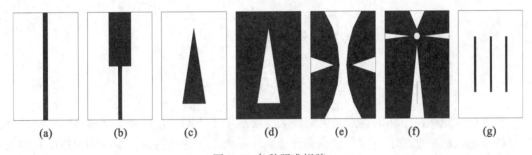

图 4.4　各种照准觇牌

分别瞄准三条线并读数，取其中数作为最后结果，以提高精度。图 4.5 所示为照准觇牌实物图。

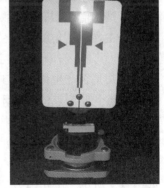

图 4.5　照准觇牌实物图

图 4.4 为平面照准目标，使用过程中需要正面对准测站，但实际上有时候需要从各个角度去观测目标，此时就需旋转觇牌，而立体照准目标则可供任何方向的测站去瞄准目标。图 4.6 所示为立体照准标志，其中，图(a)和图(b)是旋入杆式照准标志，其底部有螺纹，可直接旋在对中装置中心螺旋上；图(c)和图(d)为顶部墙面标志，图(c)用于一般建筑，以直径为 12mm 的钢筋做成弯钩尖形标志，埋入墙体内；图(d)用于高级建筑，可采用壁灯式标志，在外墙粉饰时埋入墙体内；图(e)和图(f)为顶部上面标志，用钢筋焊接成三角形架，嵌入建筑物顶部或用混凝土将钢筋标志浇灌在屋顶上。

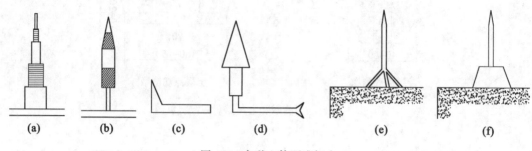

(a)　　　　(b)　　　　(c)　　　　(d)　　　　(e)　　　　(f)

图 4.6　各种立体照准标志

4.3　常规大地测量法

传统的大地测量方法的优点是灵活性大，能适用于不同结构形式的变形体、不同的外界条件和不同的精度要求。但其缺点是外业工作量大，作业时间长，难以实现连续监测及测量过程的自动化。

4.3.1　交会法

交会法是指用两个或三个已知基准点，通过测量基准点到监测点的距离及角度来计算监测点的坐标，通过坐标变化量来确定其变形情况的方法。这种方法简单易行，成本较低，不需要特殊仪器，比较适合于一些监测目标位置特殊、人员不易到达的地方，如滑坡体监测、巨型水塔、烟囱的监测等。但其缺点是精度较低，高精度监测通常不用此方法。

交会法主要包括角度前方交会、距离前方交会和测角后方交会法三种。交会法观测前应首先在变形影响区外布置固定可靠的工作基点和基准点，工作基点应定期与基准点联测，以校核其是否产生移动。工作基点宜采用强制对中观测墩，以减少对中误差影响。

工作基点到监测点的距离不宜过远，且到各个监测点的距离大致相等，监测点布置应大致同高。交会边应离开障碍物或高于地面 1.2m 以上，并尽可能避开大面积水域，从而减少大气折光影响，利用电磁波测距交会时，还应避免周围强电磁场的影响。

1. 测角前方交会法

如图 4.7 所示，测角前方交会通常采用三个已知点和一个待定点组成两个三角形。P 为待定点，A、B、C 是三个已知点，在三个已知点上分别设站观测 α_1、β_1、α_2、β_2 四个角。可用式(4.3)求出 P 点坐标(x_P, y_P)。通常情况下，通过 α_1、β_1 和 α_2、β_2 分别算出两组 P 点坐标，从而进行校核。

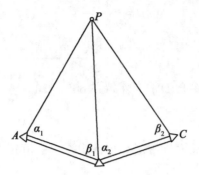

图 4.7　测角前方交会原理图

$$x_P = \frac{x_A \cot\beta + x_B \cot\alpha - y_A + y_B}{\cot\alpha + \cot\beta}$$

$$y_P = \frac{y_A \cot\beta + y_B \cot\alpha + x_A - x_B}{\cot\alpha + \cot\beta}$$

(4.3)

采用测角交会法时，交会角最好接近 90°，若条件限制，也可设计在 60°~120°。工作基点到测点的距离一般不宜大于 300m；当采用三方向交会时，可适当放宽要求。

2. 测边前方交会法

如图 4.8 所示，测边前方交会通常采用三个已知点和一个待定点组成两个三角形。P 为待定点，A、B、C 是三个已知点，在三个已知点上分别设站观测 S_a、S_b、S_c 三条边。可用式(4.4)求出 P 点坐标(x_P, y_P)。通常情况下，通过 S_a、S_b 和 S_b、S_c 分别算出两组 P 点坐标，从而进行校核。

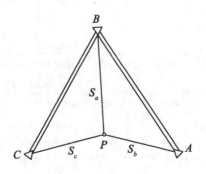

图 4.8　测边前方交会原理图

$$x_p = x_A + L(x_B - x_A) + H(y_B - y_A)$$

$$y_p = y_A + L(y_B - y_A) + H(x_A - x_B)$$

(4.4)

式中,

$$L = \frac{S_b{}^2 + S_{AB}^2 - S_a{}^2}{2S_{AB}^2}$$

$$H = \sqrt{\frac{S_a{}^2}{S_{AB}^2} - G^2} \qquad (4.5)$$

$$G = \frac{S_a{}^2 + S_{AB}{}^2 - S_b{}^2}{2S_{AB}^2}$$

采用测角交会法时,交会角通常应保持在 60°~120°;交会边长度应力求相等,且一般不宜大于 600m。

3. 测角后方交会法

如图 4.9 所示,在待定点 P 安置经纬仪,观测水平角 α、β、γ,则可按式(4.6)计算待定点 P 的坐标(x_P, y_P)。

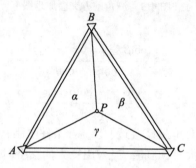

图 4.9　测角后方交会原理图

$$x_P = \frac{P_A x_A + P_B x_B + P_C x_C}{P_A + P_B + P_C}$$

$$y_P = \frac{P_A y_A + P_B y_B + P_C y_C}{P_A + P_B + P_C} \qquad (4.6)$$

式中,

$$P_A = \frac{1}{\cot\angle A - \cot\alpha} = \frac{\tan\alpha\tan\angle A}{\tan\alpha - \tan\angle A}$$

$$P_B = \frac{1}{\cot\angle B - \cot\beta} = \frac{\tan\beta\tan\angle B}{\tan\beta - \tan\angle B} \qquad (4.7)$$

$$P_C = \frac{1}{\cot\angle C - \cot\gamma} = \frac{\tan\gamma\tan\angle C}{\tan\gamma - \tan\angle C}$$

采用测角后方交会法时,应注意工作基点和监测点不能位于同一个圆周上(即危险圆),应至少离开危险圆周半径的 20%。

4.3.2　精密导线法

精密导线法是监测曲线形建筑物(如拱坝或曲线形桥梁等)水平位移的重要方法。与一般的导线测量相比,变形监测网导线在布设、观测以及计算方面,有其自身的特点,一般具有工作测点数量大、点位密度大、边长较短等特点。

按照其观测原理的不同，又可分为精密边角导线法和精密弦矢导线法。弦矢导线法是根据导线边长变化和矢距变化的观测值来求得监测点的实际变形量；边角导线法则是根据导线边长变化和导线的转折角观测值来计算监测点的变形量。由于导线的两个端点之间不通视，无法进行方位角联测，故一般需设计倒垂线控制和校核端点的位移。

4.3.3　三角网法

三角网具有图形强度高的优点，采用高精度测角仪器多测回观测可以达到较高精度，所以也是水平位移监测常用的方法，常用在水库、滑坡体、露天矿等工程变形监测中。图4.10 所示为水库大坝及库区水平位移监测的控制网示意图。

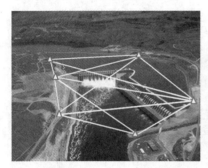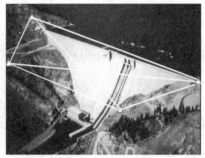

图 4.10　水库大坝及库区水平位移监测的控制网示意图

4.4　基　准　线　法

在许多直线型工程建筑物变形监测中，人们关心建筑物在某一特定方向上的水平位移，如大坝监测中主要是监测大坝轴线在上下游方向上的位移。基准线法的基本原理是通过建筑物轴线（如桥梁轴线、大坝轴线）或平行于建筑物的轴线的固定不变的铅垂平面作为基准面，根据它来测定建筑物的水平位移。依据建立此基准面使用的工具和方法的不同，基准线法可分为视准线法、引张线法、激光准直法和垂线法等。

4.4.1　视准线法

以两固定点的连线作为基准线，测量变形监测点到基准线的距离，通过距离变化量来确定监测点位移的方法叫做视准线法。为了保证基准线的稳定，应在视准线的两端设置基准点或工作基点。视准线法所用设备普通，比较经济，故这种方法在直线型建筑物水平位移监测中广为使用。但这种方法受多种因素影响，如大气折光、照准目标清晰度等。

视准线法测量水平位移的关键是提供一条方向线，通常采用高精度的经纬仪来确定，如使用 J1 及 J07 型光学经纬仪。现代变形监测通常使用高精度电子全站仪，如精度为 1″或 0.5″的全站仪。为了提高精度，视准线两端的工作基点宜设置强制对中观测墩，视准线长度不宜过长。

视准线法按照其所采用的仪器和作业方法的不同，可分为视准线小角法和活动觇牌法两种。

1. 视准线小角法

视准线小角法是利用精密测角仪器精确地测出基准线方向与测站点到观测点的视线方向之间所夹的小角，从而计算变形观测点相对于基准线的偏移值。

图4.11所示为待监测的基坑周边建立的视准线小角法监测水平位移的示意图。A、B为视准线上所布设的工作基点，将精密全站仪安置于工作基点 A，在另一工作基点 B 和变形监测点 P 上分别安置观测觇牌，用测回法测出 $\angle BAP$。设初次的观测值为 β_0，第 i 期观测值为 β_i，计算出两次角度的变化量 $\Delta\beta = \beta_i - \beta_0$，即可计算出 P 点的水平位移 d_P。其位移方向根据 $\Delta\beta$ 的符号确定，其水平位移量为

$$d_P = \frac{\Delta\beta \times d}{\rho} \quad (\rho = 206265'') \tag{4.8}$$

式中，D 是 AP 的水平距离；$\Delta\beta$ 是两次监测水平角之差，$\Delta\beta = \beta_i - \beta_0$。

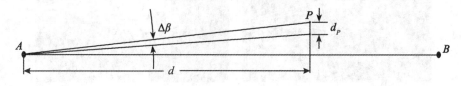

图4.11 视准线小角法

2. 活动觇牌法

活动觇牌法通过一种精密的附有读数设备的活动觇牌直接测定监测点相对于基准面的偏离值，它需要专用的仪器和照准设备，包括精密测角仪器和活动觇牌，活动觇牌如图4.12所示，上部为觇牌，下部为可对中整平的基座，中间横向安置一个带有游标尺的分划尺，最小分划为1mm，用游标尺可直接读到0.1~0.01mm。分划尺两端有微动螺旋，转到微动螺旋就可调节觇牌左右移动。

图4.13所示为活动觇牌法测偏离值的示意图，测量方法如下：

(1)将全站仪安置在基准线端点 A 上，固定觇牌安置在端点 B 上，分别对中整平，如果 A、B 两点都是强制对中观测，则用连接杆连接即可；

(2)用全站仪瞄准 B 点的固定觇牌，将视线固定，此时全站仪的水平制动螺旋和水平微动螺旋都不能再转动，此时全站仪视线即为视准线；

(3)把活动觇牌安置于观测点 C 上并对中整平，此时如果 C 点不在视准线 AB 上，则对中整平后的活动站牌标志中心不与全站仪十字丝竖丝重合，调节活动觇牌使照准标志与全站仪的十字丝竖丝重合，在分划尺与游标尺上读数，并与觇牌的零位值相减，就获得待测点偏离 AB 基准线的偏移值；

(4)转动觇牌微动螺旋重新瞄准，再次读数，如此共进行2~4次，取其读数的平均值作为上半测回的成果，转动全站仪到盘右位置，重新严格照准 B 点觇牌，按上述方法测

下半测回，取上、下两半测回读数的平均值为一测回的成果。

第二测回开始前，仪器应重新整平。根据需要，每个观测点需测量 2~4 个测回。一般说来，当用 DJ1 型经纬仪观测，测距在 300m 以内时，可测 2~3 测回，其测回差不得大于 3mm，否则应重测。

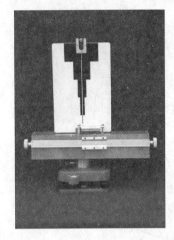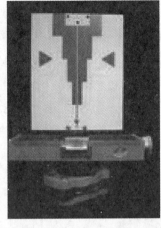

图 4.12 活动觇牌实物图

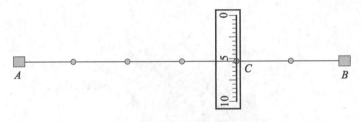

图 4.13 活动觇牌法测偏离值示意图

4.4.2 引张线法

引张线法是在两个固定点之间用一根拉紧的金属丝作为固定的基准线，来测定监测点到基准线的偏离距离，从而确定监测点的水平位移的方法，其原理如图 4.14 所示。由于各监测点上的标尺与建筑物固连在一起，所以对于不同的观测周期，金属丝在标尺上的读数变化值就是该监测点在垂直于基准线方向上的水平位移量。引张线法常用在大坝变形监测中，引张线安置在坝体廊道内，不受风力等外界因素的影响，观测精度较高，但这种方

图 4.14 引张线法平面示意图

法不适用于室外受风力影响较大的环境中。

引张线由端点装置、测点装置、测线装置三部分组成。测点装置包括墩座、夹线、滑轮和重锤，如图 4.15 所示；测点装置包括水箱、浮船、标尺和保护箱等，如图 4.16 所示；测线装置包括一根 0.6~1.2mm 的不锈钢丝和直径大于 10cm 的测线保护管，保护管保护测线不受损坏，同时起防风作用，保护管通常由塑料管制作。

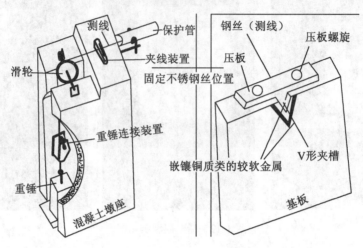

图 4.15　引张线端点装置

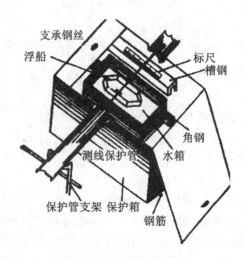

图 4.16　引张线测点装置

固定在两点间的钢丝在两端重锤作用下形成一条直线，它在竖直面内呈悬链线形状，在水平面内的投影是一直线，这条投影直线构成固定的基准线，由于测点上的标尺是与建筑物(大坝)固定在一起的，利用读数显微镜可读出标尺刻划中心偏离钢丝中心的偏离值。

引张线法观测水平位移的步骤：检查引张线各处有无障碍，设备是否完好；在两端点处同时悬挂重锤，拉紧钢丝，用夹线夹将钢丝固定，使引张线在端点处固定；对每个水箱加水，使浮船把测线抬高，高出不锈钢标尺面0.3~0.5mm；同时检查各观测箱，不使水箱边缘和读数尺与钢丝接触，并且使浮船处于自由状态。

观测时，利用刻有测微分划线的读数显微镜进行读数。测微分划尺最小刻划为0.1mm，可以估读到0.01mm。由于通过显微镜后钢丝与标尺分划线的像都变得很粗大，所以采用有测微分划线量取标尺分划（靠近钢丝的一根分划）左边缘与钢丝左边缘的距离a，再用测微分划线量取它们右边缘线之间的距离b，a和b的平均值即为标尺分划中心和钢丝中心的距离，将它加到相应的标尺整分划值上，即量得钢丝在标尺上的读数。

图4.17显示了显微镜中的成像情况，图中$a=2.40$mm，$b=3.20$mm，故标尺刻划中心与钢丝中心之间的距离为$(a+b)/2=2.80$mm，因为相应的标尺整刻划线为70mm，所以钢丝在标尺上的读数为70mm+2.80mm=72.80mm。

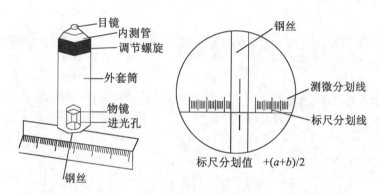

图4.17 观测与读数显微镜成像情况

通常是从靠近引张线端点的第一个观测点开始观测，依次观测到另一端点为一个测回，每次应观测3个测回，其互差应小于0.2mm。各测回之间应轻微拨动中间观测点上的浮船，使整条引张线浮动，待其静止后，再观测下一测回。

4.4.3 激光准直法

激光准直法是指利用激光发射系统发出的激光束作为基准线，在需要监测的点上安置激光束接收装置，从而确定监测点偏离基准线的方法。根据其测定偏离值的原理不同，可以分为激光经纬仪准直法、波带板激光准直法和真空管激光准直法。

1. 激光经纬仪准直法

激光经纬仪准直法是通过望远镜发射激光束，在需要监测的点上用光电探测器接收，常用于施工机械导向的自动化和变形监测中。与活动觇牌法类似，激光经纬仪准直法其实是将活动觇牌法中的光学经纬仪用激光经纬仪代替，望远镜光学视线用可见激光束代替，而觇牌用光电探测器代替。光电探测器能自动探测激光点的中心位置，光电探测器中的两个硅光电池分别接在检流表上，当激光束通过光电探测器中心时，硅光电池左右两半圆上接收相同的激光能量，检流表指针此时归零；否则，检流表指针就偏离零位，这时移动光电探测器，使检流表指针归零，即可在读数尺上读数。通常利用游标尺读到 0.1mm，当采用测微器时，可直接读到 0.01mm。

激光经纬仪准直的操作要点如下：

（1）将激光经纬仪安置在端点 A 上，在另一端点 B 上安置光电探测器。将光电探测器的读数归零，调整经纬仪水平微动螺旋，移动激光束的方向，使 B 端光电探测器的检流表指针为零，这时经纬仪的视准面即为基准面，此时经纬仪水平方向不能再转动。

（2）依次将望远镜的激光束投射到安置于每个观测点上的光电探测器上，移动光电探测器，使检流表指针归零，此时读数尺上的读数就是该观测点偏离基准线的偏离值。用同样的方法依次观测各个监测点的偏离值。将各期观测得到的偏离值进行比较，即可确定监测点的水平位移情况。为了提高精度，在每个监测点上观测时，探测器的探测需进行多次，取其平均值作为偏离值。

2. 波带板激光准直法

波带板激光准直系统由激光器、波带板和接收靶三部分组成，如图 4.18 所示。

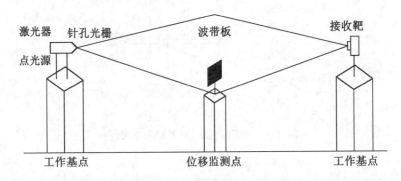

图 4.18　波带板激光准直系统

激光器是氦-氖激光管发出的激光束经过聚光透镜聚焦在针孔光栅内，形成近似的点光源，照射至波带板，针孔光栅的中心即为固定工作基点的中心。波带板有方形和圆形两种，方形波带板聚焦呈一个明亮的十字线，圆形波带板聚焦呈一个亮点，成像原理与光学透镜类似，如图 4.19 所示。

如图 4.20 所示，从发射端①向接收端发射激光束，激光经过布设在各个坝段上的波带板时，发生衍射现象，在接收端形成一个光斑④，当位于测点位置的波带板②随着测点发生水平位移至③时，通过探测仪观测光斑位置⑤的变化，就可通过计算，确定测点③的位移值。

$$X_{相} = X_{测} \times L_n / L$$

式中，$X_{相}$ 为测点位移值；$X_{测}$ 为接收端观测值；L_n 为发射端至波带板距离；L 为发射端至接收端的距离。

波带板激光准直测量系统可以把几百米之外的点光源聚焦后形成直径约 1mm 的点，因

74

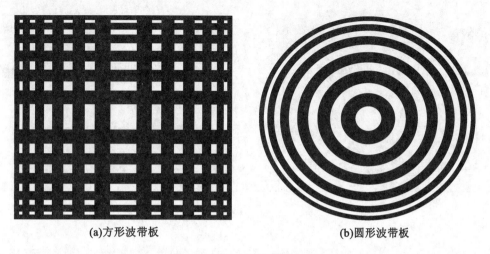

(a)方形波带板   (b)圆形波带板

图 4.19　激光波带板示意图

此即使在接收屏上用肉眼判断其中心位置，精度也很高。利用光电探测装置不仅精度高，而且还可实现自动观测。实验表明，用这种装置测定偏离值的精度可达测线长度的 10^{-6}。

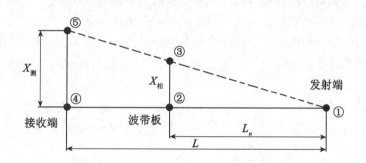

图 4.20　波带板激光准直法测水平位移值

3. 真空管激光准直法

真空管激光准直系统分为激光准直系统和真空管道系统两部分，其原理如图 4.21 所示，其结构如图 4.22 所示。

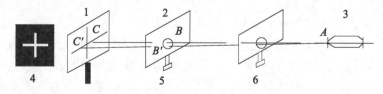

1—激光探测器；2—波带板；3—激光点光源；4—十字亮线；5—测点 1；6—测点 2

图 4.21　真空激光原理示意图

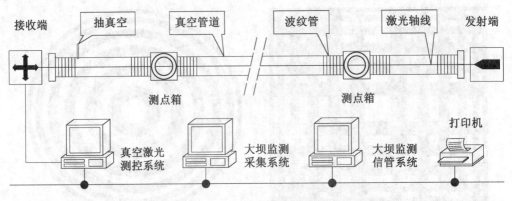

图 4.22　真空管激光准直自动测量系统示意图

真空激光准直系统由激光发射设备、真空管道、测点设备、激光光斑探测设备、端点位移监测设备、抽真空设备以及微机控制等几部分组成，其主要功能如下：

激光发射设备：为系统提供一个可以锁定的激光点光源；

真空管道：为激光束的传输提供一个压强小于 40Pa 的真空环境；

测点设备：用于安放测点波带板以及波带板起落装置的测点箱；

激光光斑探测设备：安装在接收端，是系统的主要测控设备，能够提供对各个测点波带板的起落控制以及对光斑坐标的探测，具备自动遥测和手动人工观测双重功能；

端点位移监测设备：监测激光发射设备和光斑探测设备的变位，以确定准直线平面坐标。

观测时，首先启动真空泵抽真空；然后打开激光发射器，检查激光束中心是否从针孔光栅中心通过，否则，应校正激光管位置，激光管预热 30min，再启动波带板遥控装置进行观测。

4.4.4　垂　线　法

正(倒)垂线用来精确测量垂直方向一系列测点间的水平相对位移。垂线的应用包括监测大坝、坝基、核电站、桥梁、高架铁路及桥墩的位移，监测建筑物基础和结构的位移。图 4.23 所示为垂线观测装置实物图。

垂线测量分为正垂线和倒垂线两种形式。正垂线通常用于建筑物水平位移监测、倾斜监测和挠度监测。倒垂线通常应用在岩层错动监测、挠度监测或用做水平位移的基准点。图 4.24 所示分别为正垂线和倒垂线工作原理示意图。

操作者移动机械读数盘左右两边读数尺上各自的游标，用它们同时对齐垂线和视准点，读取游标在读数尺位置上的刻度，然后通过随读数盘提供的图表把读数换算成垂线位移量。现代垂线观测仪采用线阵 CCD 传感器实现自动读数，两方向上坐标精度优于 ±0.1mm。

图 4.23 垂线观测装置实物图

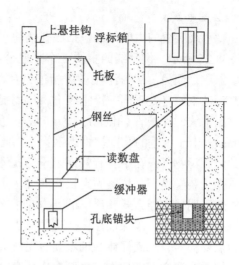

上悬挂钩
浮标箱
托板
钢丝
读数盘
缓冲器
孔底锚块

图 4.24 垂线工作原理示意图

（左图为正垂线，右图为倒垂线）

1. 正垂线

正垂线装置的主要部件包括悬线设备、固定线夹、活动线夹、观测墩、垂线、重锤及油箱等，如图 4.25 所示。

图 4.25 正垂线装置实物图

正垂线的基本原理是：将钢丝上端固定于建筑物的顶部，另一端悬挂重锤，通过竖井放至建筑物的底部，将重锤置于装满稳定液（如废机油）的桶中，使得钢丝稳定，以此来测定建筑物顶部到底部的相对位移。实际工作中，为了减弱风力对垂线稳定性的影响，同时为了保护垂线，正垂线应设置保护管。

正垂线的观测方法有多点观测法和多点夹线法两种，前者是利用同一垂线在不同高程位置上安置垂线观测仪，以坐标仪或遥测装置测定各观测点与此垂线的相对位移值；后者是将垂线坐标仪设置在垂线底部的观测墩上，而在各测点处埋设活动线夹，测量时可自上而下依次在各测点上用活动线夹夹住垂线，同时在观测墩上用垂线坐标仪读取各测点对应的读数，适用于各观测点位移变化范围不大的情况。

2. 倒垂线

倒垂线装置的主要部件包括底孔锚块、不锈钢丝、浮托设备、孔壁衬管和观测墩等，如图 4.26 所示。倒垂线的主要工作原理是：将钢丝的一端与锚块固定，并埋设于建筑物基础深层，而另一端与浮托设备相连，在浮力的作用下，钢丝被张紧，只要锚块固定不动，钢丝就始终处于同一铅垂线上，从而提供一条稳定的竖向基准线。

倒垂线的保护管（孔壁衬管）一般采用壁厚 5~7mm 的无缝钢管，其内径不宜小于 100mm。由于倒垂的孔壁衬管为钢管，因此各段钢管间应用接管头紧密连接，以防止孔壁上的泥石污物落入孔中，有效地阻止钻孔渗水对倒垂线的损害。

浮托装置是用来拉紧固定在孔底锚块上的钢丝，并使钢丝位于铅垂线上的设备。浮体组一般采用恒定浮力式，浮子的浮力应根据倒垂线的测线的长度来确定。浮体安装前，必须进行调整实验，以保证浮体产生的拉力在钢丝允许的拉力范围内。浮体不能产生偏心，合力点要稳定，承载浮体的油箱要有足够大的尺寸。

倒垂观测墩面应埋设有强制对中底盘，供安置垂线观测仪。为了有利于多种变形监测系统的联系，倒垂装置最好能设置于工作基点观测墩上。

倒垂线观测前，应检查钢丝是否有足够的张力，浮体是否与桶壁接触，若接触，则应将浮桶稍许移动，直到两者脱离接触为止，以确保钢丝铅垂。待钢丝静止后，用坐标仪进行观测。

图 4.26　倒垂线装置实物图

4.5　GPS 测量法

4.5.1　GPS 应用于变形监测领域的优势

GPS 定位技术具有观测精度高、自动化程度高、全天候观测、实时性强等优点，在变形监测领域应用广泛，特别是在水平位移监测技术中，该技术已经在我国的水利、桥梁、高铁、边坡等工程中得到了广泛应用。在数百米到 1~2km 的短基线上，GPS 测量可以获得亚毫米级的定位精度。GPS 观测点位固定，每增加一个观测点就必须添加一台 GPS 接收机，需要稳定的数据传输系统，成本较高，所以 GPS 一机多天线技术是目前在变形监测领域使用的重点研究任务。

4.5.2　使用 GPS 技术测定水平位移的方法

1. GPS 控制网布设方法

通常在变形区以外布设三个以上的基准点，变形监测点直接布设在变形区，为了提高对中精度，基准点和监测点通常都设置强制观测墩。点位的选择要注意视野开阔、信号良好、便于安置仪器的地方，尽量避免各类信号塔、大面积水域、玻璃幕墙等反射源。GPS 网的连接形式尽可能低选用边连式和混连式，尽量少用点连式。网中各三角形的内角不宜过大或过小，从而提高控制网的图形强度。

2. GPS 外业数据采集相关规定

（1）对于一、二级 GPS 测量，应使用零相位天线和强制对中器安置 GPS 接收机天线，对中精度应高于±0.5mm，天线应统一指向北方。

（2）作业中应严格按规定的时间计划进行观测。

（3）经检查接收机电源电缆和天线等各项连接无误后，方可开机。

（4）开机后经检查有关指示灯与仪表显示正常后，方可进行自测试，输入测站名和时段等控制信息。

（5）接收机启动前与作业过程中，应填写测量手簿中的记录项目。

（6）每时段应进行一次气象观测。

（7）每时段开始、结束时，应分别量测一次天线高，并取其平均值作为天线高。

（8）观测期间，应防止接收设备振动，并防止人员和其他物体碰动天线或阻挡信号。

（9）观测期间，不得在天线附近使用电台、对讲机和手机等无线电通信设备。

（10）天气太冷时，接收机应适当保暖；天气很热时，接收机应避免阳光直接照射，确保接收机正常工作；雷电、风暴天气不宜进行测量。

（11）同一时段观测过程中，不得进行下列操作：

①接收机关闭又重新启动；

②进行自测试；

③改变卫星截止高度角；

④改变数据采样间隔；

⑤改变天线位置；

⑥按动关闭文件和删除文件功能键。

（12）在 GPS 快速静态定位测量中，整个作业时间段内，参考站观测不得中断，参考站和流动站采样间隔应相同。

（13）GPS 测量数据的处理应按现行国家标准《全球定位系统（GPS）测量规范》GB/T18314 的相应规定执行，数据采用率宜大于 95%；对于一、二级变形测量，宜使用精密星历。

3. GPS 内业数据处理

GPS 内业数据处理通常都使用与接收机配套的专用软件，常见的有如下几种：

（1）天宝 GPS 数据处理软件 TGO；

（2）徕卡 GPS 数据处理软件 LGO；

（3）阿什泰克 GPS 数据处理软件 Solutions；

（4）南方 GPS 数据处理软件 Gpsadj；

（5）拓扑康 GPS 数据处理软件 Pinnacle；

（6）麻省理工学院和斯克里普斯海洋研究所 GAMIT/GLOBK。

GPS 数据处理过程分为以下几步：观测数据的预处理、基线向量解算、观测成果的外业检核（包括同步观测环检核、异步观测环检核、重复观测边检核）、GPS 网平差计算（同步观测的基线向量平差、GPS 网的无约束平差、GPS 网的约束平差）、GPS 网精度评定。

4. 监测点坐标差值计算

将相邻两个期观测值平差得到的各个监测点的坐标进行比较，求出坐标增量，就可以求出各点的位移值，根据坐标增量的正负号，可以判断监测点的平面位移方向。

4.6 测量机器人法

4.6.1 测量机器人应用于变形监测领域的优势

测量机器人可实现对目标的快速判别、锁定、跟踪、自动照准和高精度测量，可以在大范围内实施高效的遥控测量，广泛应用于变形体所处环境复杂、监测精度要求较高、监测点数量较多的变形监测领域，如水库大坝、露天矿、尾矿库、滑坡体、高速铁路等工程的变形监测中。例如，LEICA TCA2003 静态测角精度为±0.5"，测距精度为 1mm+1ppm。自动目标识别的有效距离可达 1000m，望远镜照准精度为 2mm/500m。

4.6.2 远程无线遥控测量机器人变形监测系统

1. 系统框架简介

远程无线遥控测量机器人变形监测系统主要由三部分组成：控制部分、无线通信部分和数据采集部分。控制部分发送指令和接收数据；通信部分完成控制中心和数据采集设备之间的双向通信；数据采集设备置于作业现场，根据控制中心的指令采集相应数据。

2. 系统硬件构成

（1）测量机器人：主要作用是实现远程遥控控制数据采集过程，要求其具有马达伺服驱动、目标自动识别、自动调焦照准、自动观测记录等功能。

（2）无线通信模块：主要作用是完成测量机器人和控制中心的数据通信，理论上包括四种连接模式：①直接通过数据线将测量机器人与控制中心连接；②通过数传电台建立通信链路；③基于移动或联通信号网络的短信模式；④通过 Internet 建立通信链路。

（3）系统控制中心：主要作用是向测量机器人发送控制指令，同时接收返回的观测数据。

3. 系统软件构成

（1）测量机器人机载软件：主要包括自动目标识别、自动照准、自动测角、自动测距、自动跟踪目标、自动测量并记录、限差超限处理及目标失锁自动处理等功能。

（2）无线通信模块程序：主要功能是建立数据通信链路，用来转发指令或数据，即将控制中心发出的指令解译并转发给测量机器人，同时将机器人观测数据按照格式发回控制中心。

（3）控制中心软件：主要功能是发送开机、照准、观测、记录、关机等控制指令，监控接收机状态，并接收测量数据。

4.7　水平位移观测成果整理

4.7.1　水平位移监测数据计算的基本原理

水平位移监测的基本方法就是周期性地测定水平位移监测点相对于基准线的偏离值或直接测定监测点的平面坐标，将不同周期同一观测点的偏离值或平面坐标进行比较，即可得到观测点的水平位移值。

1. 利用不同周期偏离值计算水平位移

如图 4.27 所示，某工程建筑物上有一个水平位移监测点 P_1，相对于基准线 AB，其初始周期的偏离值为 $L_1^{[1]}$，第 $i-1$ 周期的偏离值为 $L_1^{[i-1]}$，第 i 周期的偏离值为 $L_1^{[i]}$，则可求得监测点 P_1 第 i 周期相对于第 $i-1$ 周期的本期水平位移值为

$$\Delta L_1^{[i-1]} = L_1^{[i]} - L_1^{[i-1]} \tag{4.9}$$

目标点 P_1 第 i 周期相对于初始周期的累积水平位移值为

$$\Delta L_1^i = L_1^{[i]} - L_1^{[1]} \tag{4.10}$$

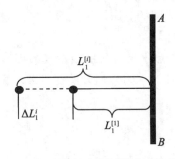

图 4.27　利用偏离值计算水平位移

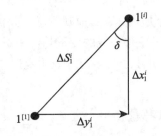

图 4.28　利用坐标值计算水平位移

2. 利用不同周期坐标值计算水平位移

如图 4.28 所示，某工程建筑物上有一个水平位移监测点 P_1 的初始位置为 $1^{[1]}$，测得其初始周期的坐标为 $(x_1^{[1]}, y_1^{[1]})$；第 i 周期后，目标点从 $1^{[1]}$ 移动至 $1^{[i]}$，其相应的平面坐标为 $(x_1^{[i]}, y_1^{[i]})$，则目标点 P_1 第 i 周期相对于初始周期，在 x, y 方向上的累计水平位移值分别为

$$\Delta x_1^i = x_1^{[i]} - x_1^{[1]}$$

$$\Delta y_1^i = y_1^{[i]} - y_1^{[1]} \tag{4.11}$$

其合位移 Δs_1^i 及其位移方向可以用下式计算:

$$\Delta s_1^i = \sqrt{(\Delta x_1^i)^2 + (\Delta y_1^i)^2} \tag{4.12}$$

$$\tan\delta = \frac{\Delta y_1^i}{\Delta x_1^i} \tag{4.13}$$

相对于第 $i-1$ 周期的本次水平位移值计算公式和原理同上面类似,不再赘述。

4.7.2　水平位移观测成果

1. 水平位移监测应提交的成果

(1)水平位移监测点位布置图;

(2)各监测点水平位移值统计表;

(3)各监测点水平位移速率统计表;

(4)载荷-时间-位移量(P-T-S)曲线图;

(5)位移速率-时间-位移量(V-T-S)曲线图;

(6)水平位移监测报告。

2. 水平位移监测数据统计分析方法

(1)截至最后一期观测,统计得最大累计水平位移量为××mm(××观测点),最小累计水平位移量为××mm(××观测点),平均累计水平位移量为××mm;

(2)截至最后一期观测,统计得最大水平位移速率为××mm/d(发生在××观测点,第××期至第××期),平均水平位移量为××mm/d;

(3)从荷载-时间-水平位移量(P-T-S)关系曲线图的分布情况来看,××观测点水平位移曲线与其余观测点水平位移曲线相比存在一定离散现象,分析其原因;

(4)从速度-时间-水平位移量(V-T-S)关系曲线图的分布情况来看,××观测点水平位移速度与明显快(慢)于其他观测点,分析其原因;

(5)从水平位移曲线的变形趋势来看,各观测点水平位移曲线在××年××月以后开始逐渐趋缓,并小于规定值,表明变形体在××年××月以后开始逐步进入稳定阶段。

◎ **习题与思考题**

1. 简述水平位移监测的基本原理。

2. 水平位移监测有哪些主要方法?

3. 水平位移监测应上交的成果包括哪些?

4. 基准线法包括哪些具体方法?

5. 激光准直法包括哪些具体方法?

第 5 章 基坑工程变形监测

【教学目标】

学习本章，主要了解基坑及其支护工程的种类、变形监测的目的和意义，掌握基坑工程监测的主要仪器设备及其使用方法、基坑工程各项监测方法及其数据处理方法。

5.1 基坑工程变形监测概述

随着我国城市化的发展、城市土地利用率的提高及高层建筑的逐渐增多，我国的基坑工程在数量、开挖深度等方面发展较快，在许多大型的建筑中，基坑开挖深度已达二十多米，甚至更深，以此来扩大空间、稳定建筑物。

自然界的土体千百年来在各种应力的作用下已达到平衡状态，基坑在开挖过程中，土体受到扰动，内部的应力必然由平衡状态转为不平衡状态，导致应力的重新分配、基坑支护结构及周围土体的位移变化。如果变形量超过允许范围，将导致基坑的失稳及破坏，有的甚至发生周围建(构)筑物、管线等的破坏。因此，在基坑工程中，特别是在深基坑的施工中采用实时监测的动态信息化管理是非常必要的。

5.1.1 基坑监测的目的

深基坑的开挖和支护过程中，一般要对基坑支护结构的应力变化和土体的变形进行监测，目的在于：

(1)保证基坑支护结构和邻近建筑物的安全，为合理制定保护措施提供依据。基坑开挖中，必将破坏原有的应力状态，这将影响到周围的建筑物、构筑物。应设法保证基坑支护结构和被支护土体的稳定性，避免和减少破坏性事故的发生，避免支护结构和被支护土体的过大变形导致邻近建筑物的倾斜、开裂和管线的破裂、渗漏等。

(2)检验设计所采取的各种假设和参数的正确性，及时修正与完善，指导基坑开挖和支护结构的施工。地下工程长期处于经验设计和经验施工的局面，土压力计算大多采用经典的公式。例如，朗肯土压力理论、库仑土压力理论等，由于其适用条件有限，因此与现场的实际土压力有差异。在基坑开挖和支护过程中进行施工监测，掌握应力和变形的实际量，并将土体和支护的动态信息及时反馈、修改支护系统设计，达到指导施工作业和管理的目的。

(3)积累工程经验，为提高基坑工程的设计和施工的整体水平提供依据。基坑的变形监测数据是应力从不平衡到平衡的外部表现，是支护结构和周围土体变形的反映，通过现场得到的监测数据可以较准确地验证建筑物、构筑物的稳定与否，为同类项目积累宝贵经验。

5.1.2 基坑工程的支护结构的类型

1. 地下连续墙

地下连续墙是在基坑四周浇注一定厚度的钢筋混凝土封闭墙体，它可以作为建筑物基础外墙结构，也可以是基坑的临时支护。地下连续墙不易透水、刚度大，能承受较大的竖向载荷及土压力、水压力等载荷。在基坑开挖前进行地下连续墙的施工，先在地面按建筑平面筑导墙，以防止表面泥土坍塌，利用挖槽或其他机械在泥浆护壁情形下开挖到设计深度，吊装钢筋笼置于槽段的墙内，浇注混凝土形成墙体。地下连续墙适用于各类土体，尤其适用于软土以及距相邻建筑物较近的工程。地下连续墙支护效果好，适于各类环境，但接头处较难处理，其造价高，需要的设备较多。

2. 土钉支护

土钉支护是在基坑逐层开挖过程中利用机械在基坑两帮打钻孔，放入钢筋注浆并配合两帮喷射混凝土及钢筋网(混凝土一般采用 C20 面层)以将两帮的土体固定。土钉支护提高边坡整体稳定性及承受坡顶的载荷，强化受力土体。土钉支护性价比较高，由于利用土体的握裹力来束缚土钉钢筋，以此对土体变形起约束作用，因此加固地区土体不应有水的侵蚀影响，否则，会影响加固的效果。

3. 深层搅拌水泥土墙

水泥土墙多用于饱和软土地基的加固，以水泥作为固化剂，利用钻机等设备将水泥在地基深处和软土搅拌，逐渐提升转头，形成具有一定强度和整体性的桩。它可以提高边坡的稳定性，防止地下水的渗透，且工程造价低。

4. 钢板桩支护

在基坑范围线周围将钢板桩利用锤击或震动打入土层，作为基坑开挖的支护。其施工迅速，支护完毕即可进行基坑的开挖。钢板桩可以重复利用，但一次性投资较大，由于钢板桩刚度较小，顶部需要拉锚或坑内支撑。

5. 悬臂式支护

悬臂式支护指借助于挡土墙、灌注桩、型钢等自身刚度及埋深来承受土压力、水压力及上部荷载，以保持平衡和稳定而不需设支撑、拉锚的支护结构。悬臂式支护不需要坑内支撑及桩顶拉锚或锚杆，但为保证整体强度需要连接成圈梁。为保证其稳定，悬臂部分不易太深。

6. 土层锚杆(索)

利用锚索机械将土层锚杆(索)打入基坑两帮，一端与挡土墙、桩连接，另一端利用混凝土等与地基土体相连来稳定两帮的土体。土层锚杆(索)对一般的黏土、砂土均可应用，而在软土、淤泥土中握裹力较弱，需进行验证后再应用。

5.2 基坑工程变形监测的内容与方法

5.2.1 监测的内容

当前，基坑支护设计尚无成熟的理论、有效的方法来计算基坑周围的土体变形，在施工中通过变形监测的数据，来指导基坑的开挖和支护，以避免或减轻其所造成的破坏性后果。

基坑工程施工监测的对象主要为维护结构和周围环境两部分。维护结构包括维护桩墙、水平支撑、围檩和圈梁、立柱、坑底土层和坑内地下水等。周围环境包括周围建筑、地下管线等。根据《建筑基坑工程监测技术规范》(GB50497—2009)，监测对象根据不同等级的基坑，包含不同的监测内容，具体见表 5.1，对于应测项目，一般情况下监测频率按表 5.2 进行。基坑及支护结构监测报警值见表 5.3。

表 5.1 　　　　　　　　　　　　　　　**基坑监测的内容**

监测项目 ＼ 基坑类别		一级	二级	三级
维护墙(边坡)顶水平位移		应测	应测	应测
维护墙(边坡)顶竖向位移		应测	应测	应测
深层水平位移		应测	应测	宜测
立柱竖向位移		应测	宜测	宜测
维护墙内力		宜测	可测	可测
支撑内力		应测	宜测	可测
立柱内力		可测	可测	可测
锚杆内力		应测	宜测	可测
土钉内力		宜测	可测	可测
坑底隆起(回弹)		宜测	可测	可测
维护墙侧向土压力		宜测	可测	可测
孔隙水压力		宜测	可测	可测
地下水位		应测	应测	应测
土体分层竖向位移		宜测	可测	可测
周边地表竖向位移		应测	应测	宜测
周边建筑	竖向位移	应测	应测	应测
	倾斜	应测	宜测	可测
	水平位移	应测	宜测	可测
周边建筑、地表裂缝		应测	应测	应测
周边管线变形		应测	应测	应测

注：应测表示在正常情形下均应测量；宜测表示条件许可时首先应测量；可测表示在一定条件下可以测量。

85

表 5.2　　　　　　　　　　　　　　　　基坑开挖后的监测频率

基坑类别	施工进程		基坑设计深度（m）			
			≤5	5~10	10~15	>15
一级	开挖深度（m）	≤5	1次/1d	1次/2d	1次/2d	1次/2d
		5~10	—	1次/1d	1次/1d	1次/1d
		>10	—	—	2次/1d	2次/1d
二级	开挖深度（m）	≤5	1次/2d	1次/2d	—	—
		5~10	—	1次/1d	—	—

注：当支护结构开始拆除到完成后3d监测频率为1次/1d；当基坑类别为三级时，监测频率可适当降低；宜测、可测项目监测频率可适当降低。

表 5.3　　　　　　　　　　　　　　　　基坑及支护结构监测报警值

监测项目	支护结构类型	基坑类别								
		一级			二级			三级		
		累计值		变化速率（mm/d）	累计值		变化速率（mm/d）	累计值		变化速率（mm/d）
		绝对值（mm）	相对基坑深度h控制值		绝对值（mm）	相对基坑深度h控制值		绝对值（mm）	相对基坑深度h控制值	
1 维护墙（边坡）顶水平位移	放坡、土钉墙、锚喷支护、水泥土墙	30~35	0.3%~0.4%	5~10	50~60	0.6%~0.8%	10~15	70~80	0.8%~1.0%	15~20
	钢板桩、灌注桩、型钢水泥土墙、地下连续墙	25~30	0.2%~0.3%	2~3	40~50	0.5%~0.7%	4~6	60~70	0.6%~0.8%	8~10
2 维护墙（边坡）顶竖向位移	放坡、土钉墙、锚喷支护、水泥土墙	20~40	0.3%~0.4%	3~5	50~60	0.6%~0.8%	5~8	70~80	0.8%~1.0%	8~10
	钢板桩、灌注桩、型钢水泥土墙、地下连续墙	10~20	0.1%~0.2%	2~3	25~30	0.3%~0.5%	3~4	35~40	0.5%~0.6%	4~5

监测项目	支护结构类型	一级 累计值 绝对值（mm）	一级 累计值 相对基坑深度 h 控制值	一级 变化速率（mm/d）	二级 累计值 绝对值（mm）	二级 累计值 相对基坑深度 h 控制值	二级 变化速率（mm/d）	三级 累计值 绝对值（mm）	三级 累计值 相对基坑深度 h 控制值	三级 变化速率（mm/d）
3 深层水平位移	水泥土墙	30～35	0.3%～0.4%	5～10	50～60	0.6%～0.8%	10～15	70～80	0.8%～1.0%	15～20
	钢板桩	50～60	0.6%～0.7%	2～3	80～85	0.6%～0.7%	4～6	90～100	0.9%～1.0%	8～10
	灌注桩	45～50	0.4%～0.5%		70～75	0.7%～0.8%		70～80	0.8%～0.9%	
	型钢水泥土墙	45～55	0.5%～0.6%		75～80	0.7%～0.8%		80～90	0.9%～1.0%	
	地下连续墙	40～50	0.4%～0.5%		70～75	0.7%～0.8%		80～90	0.9%～1.0%	
4	立柱竖向位移	25～35		2～3	35～45		4～6	55～65		8～10
5	基坑周边地表竖向位移	25～35		2～3	50～60		4～6	60～80		8～10
6	坑底回弹	25～35		2～3	50～60		4～6	60～80		8～10
7	土压力	（60%～70%）f_1			（70%～80%）f_1			（80%～90%）f_1		
8	孔隙水压力									
9	支撑内力	（60%～70%）f_2			（60%～70%）f_2			（60%～70%）f_2		
10	墙体内力									
11	锚杆拉力									
12	立柱内力									

注：h 为基坑设计开挖深度；f_1 为荷载设计值；f_2 为构件承载能力设计值。

符合下列条件的为一级基坑：

(1) 重要工程或支护结构做主体结构的一部分；

(2) 开挖深度大于 10m；

(3) 与邻近建筑物、重要设施的距离在开挖深度以内的基坑；

(4) 基坑范围内有历史文物、近代优秀建筑、重要管线等需严加保护的基坑。

二级基坑为开挖深度小于 7m，周围环境无特别要求的基坑，除此之外为三级基坑。

5.2.2 基坑工程监测方法

1. 现场观察

现场观察是指不借助于任何量测仪器，由有一定工程经验的监测人员用肉眼凭经验获得对判断基坑稳定和环境安全性的有用信息。

观察围护结构和支撑体系的施工质量、围护体系是否渗漏水及其渗漏水的位置和渗水量、施工条件的改变情况、坑边荷载的变化、管道渗漏和施工用水的不适当排放以及降雨等气候条件等与基坑稳定和环境安全性关系密切的信息。同时，还需密切注意基坑周围的地面裂缝、围护结构和支撑体系的工作失常情况、邻近建筑物和构筑物的裂缝、流水或局部管涌现象等工程隐患的早期发现，以便发现隐患苗头并及时处理，尽量减少工程事故的发生。

2. 维护桩墙顶沉降和水平位移监测

基坑维护桩体的沉降观测主要利用精密水准测量。首先埋设基准点。基准点埋设在变形区以外稳定的原状土层内，或将标志镶嵌在裸露基岩上，也可以利用稳固的建(构)筑物，设立墙水准点。当受条件限制时，在变形区内也可埋设深层钢管标或双金属标。每个工程至少应有 3 个基准点。工作基点的埋设应选在比较稳定且方便使用的位置，设立在大型工程施工区域内的水平位移监测工作基点宜采用带有强制归心装置的观测墩，垂直位移监测工作基点可采用钢管标。对通视条件较好的小型工程，可不设立工作基点，在基准点上直接测定变形观测点。变形观测点应设立在能反映监测体变形特征的位置或监测断面上。测量时，由工作基点或基准点起，经过各监测点布设成附合水准路线或者闭合水准路线。

水平位移监测有极坐标法、前方交会法、视准线法等多种，也可以利用 GPS 来进行监测。由于基坑的开挖大多数为规则图形，因此采用视准线法较方便。

3. 深层水平位移监测

深层水平位移是指基坑维护桩墙和土体在不同深度上的水平位移，通常采用测斜仪测量。测斜仪由测斜管、测斜探头、连接线及测读仪组成。

沿基坑边每边布设钻孔。将测斜管连接好，底部和端部密封，调整测斜管导槽至合适方位，安置在钻孔中，钻孔回填使用干沙，注意对测斜管进行保护，严防破坏。

使用活动式测斜仪采用带导轮的测斜探头，再将测斜管分成 n 个测段，每个测段的长度 $l_i(l=500\text{mm})$，在某一深度位置上所测得的两对导轮之间的倾角 θ_i，通过计算可得到这一区段的变位 Δ_i，计算公式为

$$\Delta_i = l_i \sin\theta_i \tag{5.1}$$

某一深度的水平变位值 δ_i 可通过区段变位 Δ_i 的累计得出：

$$\delta_i = \sum \Delta_i = \sum l_i \sin\theta_i \tag{5.2}$$

设初次测量的变位结果为 $\delta_i^{(0)}$，则在进行第 j 次测量时，所得的某一深度上相对前一次测量时的位移值 Δx_i 为

$$\Delta x_i = \delta_i^{(j)} - \delta_i^{(j-1)} \tag{5.3}$$

相对初次测量时总的位移值为

$$\sum \Delta x_i = \delta_i{}^{(j)} - \delta_i{}^{(0)} \tag{5.4}$$

图 5.1 为倾斜仪原理示意图。

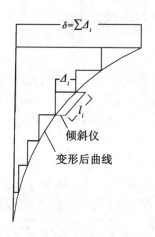

图 5.1 倾斜仪原理示意图

根据位移值绘制桩体水平位移随时间的变化曲线以及桩体水平位移随开挖深度的变化曲线图。在基坑横断面图上，以一定的比例把水平位移值点画在测点位置上，并以连线的形式将各点连接起来，形成土体水平位移分布状态图。

4. 基坑回弹监测

基坑开挖后，由于上覆载荷的减少，必然引起坑底和周围一定影响范围内土体的变形，称为回弹。回弹超过一定量，将影响基坑和周围建筑物。回弹量的测量可利用回弹监测标或深层监测标来观测。回弹监测标的使用方法如下：

（1）利用钻机钻孔，钻杆的直径与回弹监测标相适应。下钻，深度达到设计标高以下200mm，提钻。将回弹监测标利用反扣的锁接头与钻杆相连接，缓慢下到孔底，压入孔底土 400~500mm，将回弹监测标留入孔内，提钻。

（2）放入辅助测杆，进行水准测量，确定回弹监测标的高程。回弹的监测不少于 3 次，首先在基坑开挖前测量初值，然后在基坑完工后进行土体清除后的高程测量，第三次为浇注混凝土之前高程测量，如考虑分期卸载的回弹量可进行多次测量。当基坑挖完至基础施工的间隔时间较长时，也应适当增加监测次数。

5. 支护结构内力监测

基坑开挖过程中，支护结构内力变化可通过在结构内部或表面安装应变计或应力计进行量测。采用钢筋混凝土材料制作的维护支挡构件，宜采用钢筋应力计或混凝土应变计进行量测；对于钢结构支撑，宜采用轴力计进行量测。围护墙、桩及围檩等内力宜在围护墙、桩钢筋制作时，在主筋上焊接钢筋应力计的预埋方法进行量测。支护结构内力监测值应考虑温度变化的影响，对钢筋混凝土支撑应考虑混凝土收缩、徐变以及裂缝的影响。

6. 土压力监测

土压力是基坑支护结构周围的土体传递给维护结构的压力。压力的测量通常采用在量测的位置上埋设压力传感器来进行。土压力传感器俗称土压力盒。土压力盒由两片不锈钢通过焊接连接在一起，钢片之间是空心腔，腔内注满油。压力腔通过不锈钢管与传感器相连形成一个密闭的液压系统。压力转化为电信号，通过读数仪和数据采集系统读的压力值。

7. 孔隙水压力监测

利用孔隙水压力计来测量孔隙水压力。利用钻孔埋设在土层中，钻孔埋设时采用砂料填充。孔隙水压力量测的结果可用于固结计算和土体的稳定性分析，在打桩、预压法地基加固的施工进度控制等地表沉降的控制中具有重要作用。

8. 环境监测

（1）邻近建筑物监测

建筑物的监测主要是监测其裂缝、沉降、倾斜等。监测点的位置除了要考虑测点的密度外，还应注意埋设在建筑物不同变化点处，如楼角、转角、沉降缝、抗震缝、构造柱、层数变化处、地基相对薄弱处等。

（2）管线监测

邻近管线的监测要根据管线的材料、长度等来设置测点，要考虑管线的重要性及用途。在接头处一般要设置沉降监测点。测点直接固定在管道上，方便测量。

（3）道路及地表监测

基坑开挖过程中必会导致周边道路及地表的沉降，为掌握其变形情况，掌握该区域道路的稳定性，了解基坑施工对周边道路的影响，进行监测。

一般情形下，基准点与工作基点与建筑物沉降共用。为保护测点不受碾压影响，道路及地表沉降测点标志采用窨井测点形式，采用人工开挖或钻具成孔的方式进行埋设，要求穿透硬质路面，测点加保护盖，孔径不得小于 150mm，如图 5.2 所示。

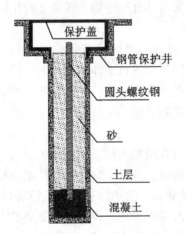

图 5.2　道路、地表测点埋设形式图

图 5.3　水位计

（4）地下水监测

地下水位的变化对基坑支护结构的稳定性有很大的影响，外界降水或地表水强补给会引起的地下水位快速上升，对支护结构产生压力将增大，地下水位明显下降时，可能在基坑某位置产生渗漏，这些对工程施工将产生不利的影响。地下水位一般通过布置一定数量的监测井进行监测，监测井内安装带滤网的硬塑料管。一般情形下，利用水位计，如图5.2所示，每隔3~5天监测一次，当发现基坑侧壁明显渗漏或坑底产生大量涌水等异常现象时，应提高观测次数。

（5）裂缝观察

观测基坑周边裂缝是了解基坑开挖对周边环境的影响的一种方法，裂缝的快速增多和纵深发展往往是事故发生的预兆。对裂缝的观测，可在裂缝两端设置石膏薄片，使其与裂缝两侧牢固粘结，当裂缝裂开或加大时，石膏片也裂开，监测时可测定其裂缝的大小和变化。

5.3 基坑工程监测资料及报告

5.3.1 监测数据整理

基坑监测内容较多，应设计各种不同的观测记录表格。对于观测到的或异常情况应予以记录。监测成果是施工调整的依据，因此，对外业监测数据采取一定的方法进行处理，以便向工程建设、监理提交日报表或监测报告。监测报表的形式一般有日报表、周报表、阶段报表。报表中应尽可能配备图形或曲线，便于工程施工管理人员的工作。报表中体现的是原始数据，不得更改涂抹。日报表形式见表5.4。

表5.4　　　　　　　　　　　水平位移和竖向位移监测日报表

工程名称：　　　　　　　报表编号：　　　　　　监测时间：
观测者：　　　　　　　　计算者：　　　　　　　校核者：

监测点号	水平位移				竖向位移				备注
	本次监测值（mm）	单次变化（mm）	累计变化量（mm）	变化速率（mm/d）	本次监测值（mm）	单次变化（mm）	累计变化量（mm）	变化速率（mm/d）	

工况	当日监测的简要分析及判断性结论
工程负责人：	监测单位：

5.3.2 变形监测成果的整理

1. 基准点、工作基点的稳定性分析

变形监测中，工作基点及基准点的稳定性极为重要。当工作基点或基准点确实存在位移时，必须对由它们确定的位移值或高程值施加改正数。

2. 观测资料的整编

当对所测变形值施加工作基点或基准点位移或高程改正数后，为了使这些成果便于分析，通常将变形观测值绘成各种图表，如监测点变形过程线、建筑物变形分布图等。

3. 变形值的统计规律及成因分析

根据实测变形值整编的表格和图形，可显示变形趋势、规律、幅度，据此来分析其成因。

5.3.3 监测报告

监测工程完工后需提交监测报告，监测报告包括以下几部分：

(1) 工程概况；

(2) 监测内容和控制指标；

(3) 仪器设备和测量方案；

(4) 变形观测数据处理分析和预报成果资料；

(5) 变形过程和变形分布图表；

(6) 监测成果的评价、结论及建议。

5.4 基坑工程监测实例

5.4.1 工程概况

某基坑(图5.4)范围8300m²，基坑开挖深度为13.1m。基坑为一级，基坑维护结构采用桩锚支护和复合土钉墙结合的方式进行支护。该基坑北临一条主路，南侧有三栋住宅楼，西侧两栋住宅楼，东邻一栋住宅楼。在基坑施工阶段进行变形监测，及时掌握工程动态变化。

5.4.2 监测内容和测点布置

1. 监测内容

根据《建筑基坑工程监测技术规范》的规定，基坑工程现场仪器监测项目的选择应在充分考虑工程水文地质条件、基坑工程安全等级、支护结构的特点及变形控制要求的基础上，考虑到该工程的特点，确定的监测项目如下：

(1) 围护墙顶水平位移、垂直位移监测；

(2) 周边建筑物沉降监测；

(3) 周围道路沉降监测；

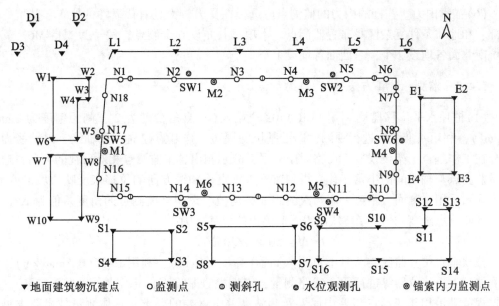

图 5.4　基坑平面布置图

（4）周边地表沉降监测；

（5）围护墙体测斜；

（6）地下水位监测；

（7）锚索内力监测；

（8）裂缝监测。

2. 测点布置

（1）围护墙。将顶端画"十"字的圆头钢筋埋入维护墙冠梁中，用混凝土固定，确保测点牢稳，共计埋入 18 个监测点（监测点的布置如图 5.4 所示），分别标记为 N1 ~ N18。监测点间距小于 20m，每边监测点数目不应少于 3 个。

（2）建筑物。在邻近基坑的建筑物四角、中部分别布置沉降监测点，布点同时要考虑到方便以后的水准观测。监测点采用圆头钢筋埋入建筑物内，建筑物监测点埋设见图5.4。南侧建筑物埋设 16 个监测点，编号 S1 ~ S16，西侧建筑物埋设 10 个监测点，编号W1 ~ W10，东侧建筑物埋设 4 个监测点，编号 E1 ~ E4。

（3）道路、地表。沉降监测点间距 25 ~ 50m，以长 80 ~ 100cm 的圆头螺纹钢埋入，监测点的上部在地表以下。测点埋设稳固，做好标记以便保存。监测点处应平整，防止由于高低不平影响人员及车辆通行，道路、地表监测点分别 6 个、4 个，编号分别为 L1 ~ L6、D1 ~ D4。

（4）围护墙体测斜。利用测斜管进行深层水平位移监测，基坑的周围共埋设测斜管 10个。沿基坑边每边布设钻孔，将测斜管连接好，底部和端部密封，调整测斜管导槽至合适方位，安置在钻孔中，钻孔回填使用干沙，注意对测斜管进行保护。

（5）地下水位。基坑周围布设监测孔进行水位监测，其深度一般低于拟降水位深度0.5m 以上。共布设 6 个监测孔，编号为 SW1 ~ SW6。

(6)锚索内力。锚杆的内力的监测点应选择在受力较大且有代表性的位置，基坑每边中部、和地质条件复杂区段布置监测点。本项目共布设 6 个测点，编号为 M1～M6。其中基坑南北面各埋设 2 个，东西面各埋设 1 个。

5.4.3 监测、计算方法

(1)桩顶水平位移监测利用 LEICA402 全站仪(其测角精度为 2″，测距精度为 2mm+2ppm，)，利用基准线法进行观测，即沿基坑的周边工作基点建立一条轴线，以轴线为基准，在工作基点上架设仪器，严格对中整平，分别测出各个监测点相对后视的夹角，通过测量监测点与轴线间的小角变化，得到监测点垂直于轴线方向的位移来反映边坡的变形。角度观测采用一测回，距离采用两次测距取平均值。设观测监测点的角度差值为 $\Delta\beta$，设站点到监测点距离均值为 L，从而得到监测点的位移量为

$$\Delta = \Delta\beta \times L/206265 \tag{5.5}$$

桩顶垂直位移监测要从基准点引入高程(高程可假设)，利用 DS05(0.5mm/km)，固定测站、人员、仪器等进行闭合线路测量，定期检查基准点的稳定性(联测基准点)。要根据规范满足相邻变形点高差中误差及测站高差中误差的要求，具体测量技术要求见表 5.5 和表 5.6。上次高程减去本次高程为本次沉降量，初始高程减各次高程为累积沉降量。

(2)周围建筑物沉降监测按照国家二等水准测量规范要求观测，监测方法、计算同桩顶垂直位移监测，具体测量技术要求见表 5.5 和表 5.6。

(3)周边道路及地表沉降按照国家二等水准测量规范要求观测，监测方法、计算同桩顶垂直位移监测，具体测量技术要求见表 5.5 和表 5.6。

表 5.5 一、二等水准测量限差规定

等级	测段、区段、路线往返测高差不符值(mm)	附和路线闭合差(mm)	环闭合差(mm)	监测已测测段高差之差(mm)
一等	$1.8\sqrt{K}$	—	$2\sqrt{F}$	$3\sqrt{R}$
二等	$4\sqrt{K}$	$4\sqrt{L}$	$4\sqrt{F}$	$6\sqrt{R}$

注：K 为测段、区段或路线长度(km)，当测段长度小于 0.1km 时，按 0.1km 计算；

L 为附和路线长度(km)；

F 为环线长度(km)；

K 为检测测段长度(km)。

表 5.6 一、二等水准测量技术指标

等级	仪器类别	视线长度		前后视距差		任意测站前后视距累积差		视线高度		数字水准仪重复测量次数
		光学	数字	光学	数字	光学	数字	光学	数字	
一等	DSZ05 DS05	≤30	≥4 且 ≤30	≤0.5	≤1.0	≤1.5	≤3.0	≥0.5	≤2.80 且 ≥0.65	≥3 次
二等	DSZ1 DS1	≤50	≥3 且 ≤50	≤1.0	≤1.5	≤3.0	≤6.0	≥0.3	≤2.80 且 ≥0.55	≥2 次

（4）深层水平位移监测利用测斜仪。钻机打好钻孔，将测斜管埋入孔体内，测斜管长度超过基坑开挖深度 5m。测斜管一般由塑料管或铝合金管制成，常用直径为 50~75mm，长度为每节 2~4m，测斜管内有两对相互垂直的纵向导槽。测量时，测头导轮在导槽内可上下自由滑动。观测时，注意带导轮的测斜探头严密安置在测斜管的导槽中，一般往复测量两次消除安装误差，每次读数位置误差小于 0.5cm，水平位移误差小于 0.5mm。计算时，采用两次位移值的差值作为变形值。

（5）用水位计进行地下水位监测。在基坑开挖前将水位管埋设好，测量时，将水位计探头沿管缓慢放下，当探头接触到水面时，探头发出蜂鸣，读取孔口处水位计测尺上的读数 L_i，即为观测水位值。在基坑降水前，测得各水位孔孔口标高及各孔水位深度，孔标高减水位深度即得水位标高，初始水位为连续两次测试的平均值。每次测得水位标高与初始水位标高的差即为水位累计变化量。

（6）内力是反映锚拉支护结构锚索受力情况和安全状态的指标，根据结构设计要求，锚索计安装在张拉端或锚固端，安装时，钢铰线或锚索从锚索计中心穿过，测力计处于钢垫座和工作锚之间，安装过程中应随时对锚索计进行监测，并从中间锚索开始向周围锚索逐步加载，以免锚索计的偏心受力或过载。

锚索测力计的计算公式为

$$P = K(F - F_0) + b(T - T_0) \tag{5.6}$$

式中：P 为被测锚索荷载值（kN）；K 为锚索测力计的最小读数（kN/KHz^2）；F 为实时测量的锚索测力计输出值（kHz^2）；F_0 为锚索测力计的基准值（kHz^2）；b 为锚索测力计的温度修正系数（kN/℃）；T 为锚索测力计的温度实时测量值（℃）；T_0 为锚索测力计的温度基准值（℃）。

5.4.4 监测数据分析

1. 水平位移、垂直位移监测

对监测点的水平位移，这里规定监测点向基坑外侧移动为正，向基坑内侧移动为负，监测点的垂直位移以上升为正，下降为负。

桩顶水平位移利用视准线法共进行了 21 次观测，变形均在允许范围之内。表 5.7 为墙顶水平、垂直位移监测点变形值，图 5.5 代表性基坑监测点 N13、N14 水平位移位移-时间关系曲线图。从表 5.7 可以得出，围护墙顶各监测点沉降变化规律，基本相同，主要特征为：

（1）各水平位移监测点变化均为向基坑内位移，变形量小于 16mm；

（2）各垂直位移监测点均以下降为主，变化量小于 12mm；

（3）在整个监测过程中各点虽出现过上下波动现象，但各点均未出现报警；

（4）接近施工后期，即底板形成后各点变化趋于稳定。

2. 周边建筑物沉降

建筑物的变形测量采用国家二等水准进行测量。对周边建筑物沉降监测点的沉降，这里规定上升为正，下降为负。

监测点号		N1	N2	N3	N4	N5	N6
最大累积变形量（mm）	水平位移	−8.3	−14.0	−15.6	−14.5	−8.2	−7.9
	垂直位移	−5.71	−7.66	−8.71	−8.34	−8.14	−7.78
监测点号		N7	N8	N9	N10	N11	N12
最大累积变形量（mm）	水平位移	−11.6	−10.8	−9.5	−10.1	−12.1	−11.9
	垂直位移	−9.52	−7.16	−11.48	−11.31	−9.31	−10.10
监测点号		N13	N14	N15	N16	N17	N18
最大累积变形量（mm）	水平位移	−15.2	−13.7	−11.6	−10.4	−10.6	−9.1
	垂直位移	−9.95	−10.24	−8.84	−8.10	−9.13	−8.70

表 5.7 围护墙顶水平、垂直位移监测点变形值

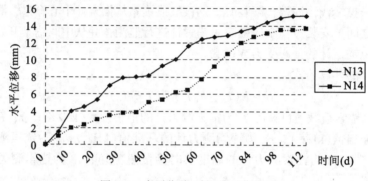

图 5.5 水平位移-时间关系曲线图

建筑物沉降的变化规律与基坑开挖深度、基坑距离远近、施工工况有密切关系，开挖深度越深，沉降量越大；距基坑越近，沉降量越大。

图 5.6 为监测点 S9 的垂直位移变化曲线，可以看出，基坑开挖施工过程中，监测点变化曲线表现为沉降，且幅度较大，底板完成后，变化量变化较小，趋势走向平稳。表5.8 为建筑物沉降监测点沉降值。

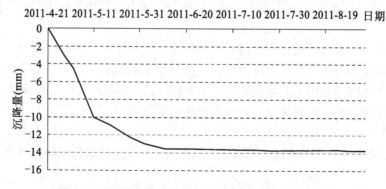

图 5.6 周边建筑物沉降监测点 S9 的垂直位移变化曲线

表 5.8 建筑物沉降监测点沉降值

监测点号	E1	E2	E3	E4	E5	E6	E7	E8	E9	E10
最大累积变形量(mm)	−10.53	−13.25	−12.71	−11.03	−13.64	−10.72	−11.65	−13.66	−14.58	−12.89
监测点号	S1	S2	S3	S4	S5	S6	S7	S8	S9	S10
最大累积变形量(mm)	−16.67	−17.37	−14.87	−14.22	−16.03	−17.07	−13.94	−14.02	−13.87	−13.65
监测点号	S11	S12	S13	S14	S15	S16	W1	W2	W3	W4
最大累积变形量(mm)	−14.13	−13.78	−13.07	−12.90	−13.77	−13.21	−7.07	−6.11	−5.22	−8.22

注：建筑物局部倾斜小于 0.002，建筑物未出现开裂等现象。

3. 周边道路、地表沉降监测

道路、地表监测点的数值符号规定上升值为正，下降值为负。6 个道路沉降监测点下沉量累积量为−13～−15mm，4 个地表沉降监测点下沉量为−12～−15mm，表 5.9 为道路沉降监测点沉降量，表 5.10 为地表沉降监测点沉降量。

表 5.9 道路沉降监测点沉降量

点号	L1	L2	L3	L4	L5	L6
最大累积变形量(mm)	−13.81	−13.11	−13.73	−14.34	−13.55	−14.67

表 5.10 地表沉降监测点沉降量

点号	D1	D2	D3	D4
最大累积变形量(mm)	−13.36	−12.41	−13.33	−14.51

图 5.7 为道路监测点 L6 的垂直位移变化曲线，可以看出，基坑开挖施工过程中，监测点变化曲线表现为沉降，且幅度较大，接近施工后期，即底板完成后，变化量变化较小，趋势走向平稳。

4. 深层水平位移

基坑的周围共埋设测斜管 10 个，保存完好。各测斜管因所处的位置及基坑取土的时间、进度等关系水平位移值有较大差别，其中，CX6 号测斜孔最大水平位移为 14.96mm，为最大。

图 5.8 为 CX9 号测斜孔的时间-位移曲线，根据图表可以得出：基坑刚开始开挖时，

97

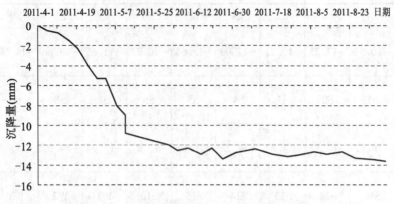

图 5.7 道路监测点 L6 的垂直位移变化曲线

CX9 监测孔变化较小，随着基坑的深度增加，CX9 监测孔变化曲线呈向基坑方向位移趋势。当底板浇筑完成时，最大变化为+10.32mm，深度为−1.5m，如 2011-4-21 期数据。基坑底板浇筑完成至顶板完成阶段，CX11 监测孔变形变化速率明显减小，至顶板完成最大变化为+11.76mm，深度为−1.5m。

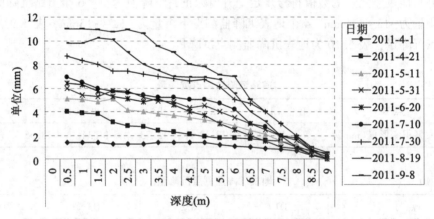

图 5.8 CX9 号测斜孔的时间-位移曲线

5. 地下水位监测

在抽水影响半径内呈放射状布设 6 个测孔，编号为 SW1～SW6。测量时，将水位计探头沿管缓慢放下，当探头接触到水面时，蜂鸣器响，读取孔口处水位计测尺上的读数 L_i，即为观测水位值。

本工程项目在基坑开挖前期水位变化表现为平稳；在开挖中期，水位变化表现为下降；底板完成至顶板完成，水位变化趋于稳定。在监测过程中，水位未发现有异常变化，表 5.11 为地下水位最大变化量表。

表 5.11   地下水位重要参数一览表

监测点号	最大变化量（mm）	出现日期
SW1	426	2011-5-13
SW2	442	2011-5-13
SW3	437	2011-06-21
SW4	476	2011-06-21
SW5	542	2011-6-17
SW6	570	2011-6-27

6. 锚索内力监测

基坑每边中部、阳角处和地质条件复杂区段宜布置监测点。本项目共布设 6 个测点，编号为 M1~M6。表 5.12 为锚索监测点的锚索内力监测值。

从图 5.9 所示锚索内力监测点内力变化曲线可以看出，基坑开挖施工过程中，监测点变化曲线表现为逐步上升趋势，这是由于随着土体的开挖，桩体受力逐渐增大，锚索应力也相应增加；底板完成后，变化量变化较小，趋势走向平稳。

表 5.12   锚索内力监测值

点号	最大拉力（kN）	出现日期
M1	230.56	2011-7-6
M2	151.70	2011-7-11
M3	266.97	2011-7-5
M4	50.75	2011-7-5
M5	79.41	2011-6-20
M6	113.13	2011-7-6

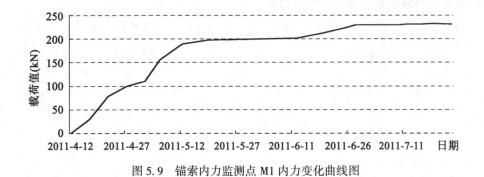

图 5.9   锚索内力监测点 M1 内力变化曲线图

7. 裂缝监测

基坑施工过程中基坑及周围建筑物未出现明显的裂缝。

5.4.5 结论

通过近半年的施工，在业主、监理方、施工方的共同努力下，整个基坑施工得以顺利结束，圆满完成了本项工程监测任务。通过监测工作，及时掌握基坑施工中的动态信息，达到了信息化施工的目的。在监测工作过程中，取得了大量有用的信息。

（1）各观测项目数据变化范围如下：

围护墙顶水平位移：各水平位移监测点变化均为向基坑内侧移动，变形量小于 16mm。

围护墙顶垂直位移：各垂直位移监测点均以下降为主，变化量小于 12mm。

周边建筑物沉降：沉降量小于 18mm，大部分为 10~13mm。建筑物未发生开裂。

周边道路沉降监测：变化范围为 13.11~14.67mm。

周边地表沉降监测：变化范围为 12.41~14.51mm。

围护墙体测斜：CX6 孔的最大累计变化量为 14.96mm。

地下水位监测：最大变化量为 570mm，监测点号 SW6。

锚索内力：最大累计变化量为 266.97kN，出现在 M3 处。

（2）从基坑监测数据来看，监测的各项数据无超限，各项监测项目表明，基坑及周边环境处于安全范围，说明维护体系的作用有效，但不排除基坑维护体系持续变形的可能。本次监测工作按监测方案进行，方法有效、适当，较准确地反映了基坑和周边环境变形情况，所有资料真实准确、可靠。在监测期间所使用的检测仪器均正常工作，且在有效期内。

◎ 习题与思考题

    1. 基坑工程监测的主要目的是什么？

    2. 基坑工程监测的主要内容有哪些？

    3. 基坑工程监测报告应包括哪些内容？

第6章 工业与民用建筑变形监测

【教学目标】

本章主要介绍工业与民用建筑物变形监测的目的、意义、内容和方法。重点讲述建筑物变形监测中常用的沉降监测、倾斜监测、位移监测的选点布网、数据的获取、资料的整理、各种曲线的绘制、监测报告的编写等。结合实例来说明建筑物变形监测的具体实施过程。

6.1 工业与民用建筑变形监测概述

建筑是各种建筑物和构筑物的通称，本章主要讲述工业与民用建筑物的变形监测工作。

建筑变形是指建筑的地基、基础及上部结构及其场地受各种作用力而产生的形状或者位置变化现象。建筑变形监测是指对建筑变形进行观测，并对观测结果进行处理和分析的工作。

6.1.1 建筑物变形监测的目的和意义

建筑物变形监测的目的是通过监测手段确切地反映建筑地基基础、上部结构及其场地在静载荷或动载荷及环境等因素影响下的变形程度或变形趋势，从而有效监视新建建筑物在施工及运营使用期间的安全，以利于及时采取预防措施；同时，有效监测已建建筑物以及建筑场地的稳定性，为建筑维修、保护、特殊性土地区选址以及场地整治提供依据；为验证有关建筑地基基础、工程结构设计的理论及设计参数提供可靠的基础数据。

6.1.2 建筑物变形监测的等级和精度

《建筑变形测量规范》(JGJ 8—2007)将建筑变形监测的级别分为特级、一级、二级和三级，其精度指标及其适用范围应符合表6.1的规定。

表6.1 建筑变形监测的级别、精度指标及其使用范围

变形监测级别	沉降监测 观测点测站高差中误差(mm)	位移监测 观测点坐标中误差(mm)	主要适用范围
特级	±0.05	±0.3	特高精度要求的特种精密工程的变形监测

变形监测级别	沉降监测	位移监测	主要适用范围
	观测点测站高差中误差（mm）	观测点坐标中误差（mm）	
一级	±0.15	±1.0	地基基础设计为甲级的建筑的变形监测；重要的古建筑和特大型市政桥梁变形监测等
二级	±0.5	±3.0	地基基础设计为甲、乙级的建筑的变形监测；场地滑坡监测；重要管线变形监测；地下工程施工及运营中变形监测；大型市政桥梁变形监测等
三级	±1.5	±10.0	地基基础设计为乙、丙级的建筑的变形监测；地表、道路及一般管线的变形监测；中小型市政桥梁变形监测等

6.1.3　建筑物变形监测的主要内容

1. 建筑物变形监测的对象

《建筑变形测量规范》（JGJ 8—2007）规定，下列建筑在施工和使用期间应进行变形测量：

（1）地基基础设计等级为甲级的建筑；

（2）复合地基或软弱地基上的设计等级为乙级的建筑；

（3）加层、扩建建筑；

（4）受邻近深基坑开挖施工影响或受场地地下水等环境因素变化影响的建筑；

（5）需要积累经验或进行设计反分析的建筑。

2. 建筑物变形监测的主要内容

工业与民用建筑物变形监测主要是对建筑物的地基基础、上部结构及场地的沉降、位移和特殊变形进行监测。依据观测项目的变形性质、建筑设计及施工习惯用语，将建筑变形监测分为沉降监测、位移监测和特殊变形监测三类。

沉降监测包括建筑场地沉降、基坑回弹、地基土分层沉降、建筑主体沉降等；位移监测包括建筑主体倾斜、建筑水平位移、基坑壁侧向位移、场地滑坡及挠度监测等；特殊变形监测包括日照变形、风振、裂缝及其他动态变形监测等。

6.1.4　建筑物变形监测技术设计

建筑变形测量工作开始前，应根据建筑地基基础设计的等级和要求、变形类型、测量目的、任务要求以及测区条件进行施测方案设计，确定变形测量的内容、精度级别、基准点与变形点布设方案、观测周期、仪器设备及检定要求、观测与数据处理方法、提交成果内容等，编写技术设计书或施测方案。

建筑物变形监测方案的设计与编制，通常可按如下步骤进行：

（1）接受委托，明确建筑物变形监测对象和监测目的；

（2）收集编制监测方案所需要的基础资料；

（3）对建筑工程的施工现场进行踏勘，了解现场环境；

（4）编制建筑物变形监测方案初稿，并提交委托单位审阅；

（5）会同有关部门商定各类监测项目警戒值，并对方案初稿进行商讨，以形成修改文件；

（6）根据修改文件来完善监测方案，并形成正式的建筑物变形监测方案。

6.1.5 建筑物变形监测方案的编制依据

建筑物变形监测方案的编制依据包括：

（1）工程设计施工图；

（2）工程投标文件及施工承包合同；

（3）工程有关管理文件及有关的技术规范和要求；

（4）《建筑变形测量规范》（JGJ 8—2007）；

（5）《建筑基坑工程监测技术规范》（GB50497—2009）；

（6）《工程测量规范》（GB50026—2007）；

（7）《建筑地基基础工程施工质量验收规范》（GB50202—2002）；

（8）《国家一、二等水准测量规范》（GB/T12897—2006）。

6.2 建筑物变形监测的内容与方法

6.2.1 建筑物沉降监测方法

建筑物沉降监测应测定建筑及地基的沉降量、沉降差及沉降速度，并根据需要计算基础倾斜、局部倾斜、相对弯曲及构件倾斜。

建筑物的沉降监测主要使用精密水准测量的方法。沉降监测的具体步骤包括沉降监测方案的制定、沉降监测基准点的布设、沉降监测点的布设、沉降监测频率的确定、沉降监测精度的确定、沉降监测数据的采集、沉降监测数据处理及作图分析、沉降监测成果报告的编号等。

1. 沉降监测基准点的布设

基准点是检验和直接测定监测点的依据，要求在整个观测过程中稳定不变，故必须埋设在稳定的地方，且离开被测建筑物有一定的距离。为了便于校核，以验证基准点的稳定性，基准点数目应不少于三个。基准点的具体埋设位置应充分考虑基准点的稳固性，同时便于保存，但距离监测点又不能太远，应视现场实际情况而定。

2. 沉降监测点的布设

沉降监测点的布设应能全面反映建筑及地基变形特征，并顾及地质情况及建筑结构特点。点位宜选设在下列位置：

（1）建筑的四角、核心筒四角、大转角处及沿外墙每 10～20m 处或每隔 2～3 根柱基上；

（2）高低层建筑、新旧建筑、纵横墙等交接处的两侧；

（3）建筑裂缝、后浇带和沉降缝两侧、基础埋深相差悬殊处、人工地基与天然地基接壤处、不同结构的分界处及填挖方分界处；

（4）对于宽度大于等于15m或小于15m而地质复杂以及膨胀土地区的建筑，应在承重内隔墙中部设内墙点，并在室内地面中心及四周设地面点；

（5）邻近堆置重物处、受振动显著影响的部位及基础下的暗浜（沟）处；

（6）框架结构建筑的每个或部分柱基上或沿纵横轴线上；

（7）筏形基础、箱形基础底板或接近基础的结构部分之四角处及其中部位置；

（8）重型设备基础和动力设备基础四角、基础形式或埋深改变处及地质条件变化处两侧；

（9）对于电视塔、烟囱、水塔、油罐、炼油塔、高炉等高耸建筑，应设在沿周边与基础轴线相交的对称位置上，点数不少于4个。

3. 沉降监测标志的选用

沉降观测的标志可根据不同的建筑结构类型和建筑材料，采用墙（柱）标志、基础标志和隐蔽式标志等形式，各种标志示意图见第3章。各种标志应符合下列规定：

（1）各类标志的立尺部位应加工成半球形或有明显的突出点，并涂上防腐剂；

（2）标志的埋设位置应避开雨水管、窗台线、散热器、暖水管、电气开关等有碍设标与观测的障碍物，并应视立尺需要离开墙（柱）面和地面一定距离；

（3）隐蔽式沉降观测点标志包括窨井式标志、盒式标志和螺栓式标志，标志的具体规格图见第3章3.2.3小节；

（4）当应用静力水准测量方法进行沉降观测时，观测标志的形式及其埋设应根据采用的静力水准仪的型号、结构、读数方式以及现场条件确定。标志的规格尺寸设计应符合仪器安置的要求。

4. 沉降监测频率的确定

建筑物沉降观测的周期和观测时间应按下列要求并结合实际情况确定：

（1）建筑施工阶段的观测应符合下列规定：

①普通建筑可在基础完工后或地下室砌完后开始观测，大型、高层建筑可在基础垫层或基础底部完成后开始观测。

②观测次数与间隔时间应视地基与加荷情况而定，民用高层建筑可每加高1~5层观测一次，工业建筑可按回填基坑、安装柱子和屋架、砌筑墙体、设备安装等不同施工阶段分别进行观测。若建筑施工均匀增高，应至少在增加荷载的25%、50%、75%和100%时各观测一次。

③施工过程中若暂停工，在停工时及重新开工时应各观测一次，停工期间可每隔2~3个月观测一次。

（2）建筑使用阶段的观测次数，应视地基土类型和沉降速率大小而定。除有特殊要求外，可在第一年观测3~4次，第二年观测2~3次，第三年后每年观测1次，直至稳定为止。

（3）在观测过程中，若有基础附近地面荷载突然增减、基础四周大量积水、长时间连续降雨等情况，均应及时增加观测次数；当建筑突然发生大量沉降、不均匀沉降或严重裂缝时，应立即进行逐日或2~3天一次的连续观测。

（4）建筑沉降是否进入稳定阶段，应由沉降量与时间关系曲线判定，当最后100d的沉降速率小于0.01~0.04mm/天时，可认为已进入稳定阶段，具体取值宜根据各地区地基土的压缩性能确定。

5. 沉降监测精度的确定

建筑物沉降监测的精度的确定，取决于建筑物的设计级别和允许变形值的大小。《建筑变形测量规范》（JGJ 8—2007）中对建筑物沉降监测的精度级别规定为四个等级，见表6.1。

一般来讲，对建筑物的沉降监测的精度要求应控制在建筑物允许变形值的$1/10$~$1/20$。通常应根据建筑物的高度、设计单位的要求等选择监测精度等级。若无特殊要求，建筑物的沉降监测通常使用二等精密水准测量，其监测工作各项指标要求如下：

（1）使用仪器精度不低于S1级，水准尺必须使用钢瓦精密水准尺或电子精密水准尺。

（2）往返观测较差、附合或环线闭合差$\leqslant \pm 0.3\sqrt{n}$ mm，其中n为测站数。

（3）视距小于50m，每测站前后视距差$\leqslant \pm 1$m，各测站视距差累计值$\leqslant \pm 3$m。

（4）各测站基辅分划差$\leqslant \pm 0.4$mm，基辅分划所测高差之差$\leqslant \pm 0.6$mm；若使用精密电子水准仪则对应为两次读数差$\leqslant \pm 0.4$mm，两次读数所得高差之差$\leqslant \pm 0.6$mm。

6. 沉降监测的要求

（1）沉降监测的初始值通常要在监测初期连续观测2~3次，取平均值作为初始观测值；

（2）要定期对沉降监测仪器视准轴误差、补偿器等进行检验，确保仪器能达到要求；

（3）对于二级、三级沉降监测，除建筑转角点、交接点、分界点等主要变形特征点外，允许使用间视法进行观测，但视线长度不得大于相应等级规定的长度；

（4）沉降监测水准基点要定期进行监测，以确保其位置没有产生变化；

（5）应尽量避免在卷扬机、搅拌机、起重机等振动影响的范围内设站观测；

（6）每次观测应记载施工进度、荷载量变动、建筑倾斜裂缝等各种影响沉降变化和异常的情况。

6.2.2 建筑物主体倾斜监测方法

高层或高耸建筑物，如电视塔、水塔、烟囱、高层建筑物等，由于基础不均匀沉降、邻近其他建筑施工或受风力等影响，其垂直轴线会发生倾斜。当倾斜达到一定程度时，会影响建筑物的安全，因此必须对其进行倾斜观测或不均匀沉降观测。

建筑主体倾斜观测应测定建筑顶部观测点相对于底部固定点或上层相对于下层观测点的倾斜度、倾斜方向及倾斜速率。对刚性建筑的整体倾斜，可通过测量顶面或基础的差异沉降来间接确定。建筑物的倾斜监测有直接法和间接法两类方法。

1. 建筑物主体倾斜监测网布设方法

（1）建筑物主体倾斜观测点和测站点的布设应符合下列要求：

①当从建筑外部观测时，测站点的点位应选在与倾斜方向成正交的方向线上距照准目标 1.5~2.0 倍目标高度的固定位置，当利用建筑内部竖向通道观测时，可将通道底部中心点作为测站点。

②对于整体倾斜，观测点及底部固定点应沿着对应测站点的建筑主体竖直线，在顶部和底部上下对应布设；对于分层倾斜，应按分层部位上下对应布设。

③按前方交会法布设的测站点，基线端点的选设应顾及测距或长度丈量的要求。按方向线水平角法布设的测站点，应设置好定向点。

（2）主体倾斜观测点位的标志设置应符合下列要求：

①建筑顶部和墙体上的观测点标志可采用埋入式照准标志，有特殊要求时应专门设计；

②不便埋设标志的塔形、圆形建筑以及竖直构件可以照准视线所切同高边缘确定的位置或用高度角控制的位置作为观测点位；

③位于地面的测站点和定向点，可根据不同的观测要求，使用带有强制对中装置的观测墩或混凝土标石；

④对于一次性倾斜观测项目，观测点标志可采用标记形式或直接利用符合位置与照准要求的建筑特征部位，测站点可采用小标石或临时性标志。

2. 建筑物主体倾斜观测的周期及频率

建筑物主体倾斜观测的周期可视倾斜速度每 1~3 个月观测一次。当遇基础附近因大量堆载或卸载、场地降雨长期积水等而导致倾斜速度加快时，应及时增加观测次数。施工期间的观测周期，可根据要求按照前述建筑物沉降监测周期的规定确定。倾斜观测应避开强日照和风荷载影响大的时间段。

3. 直接法测定建筑物的倾斜

当从建筑或构件的外部观测主体倾斜时，宜选用下列几种方法：

（1）经纬仪投点法。如图 6.1 所示，欲观测某高层建筑的倾斜度，可事先在建筑物基础底部的横梁上布设一观测标志，要求该标志有明显的竖向照准标志线，再使用精密测角仪器（经纬仪或全站仪）向上投测竖向轴线，在建筑物的顶部横梁上再设置一个观测标志，如图 6.2 所示。也可在同一垂直轴线上布设若干多个标志，如图 6.1 中所示的 A、B、C。如果建筑物发生倾斜，AC 将由垂直线变为倾斜线。观测时，经纬仪距离建筑物的位置应大于建筑物的高度。每次倾斜观测时，在观测点上安置精密测角仪器，先精确照准建筑物底部观测标志中心 A，再上调望远镜，依次观测标志 B 和 C，用十字丝竖丝在各个观测标志上读出偏离值，如 C 点偏离值为 e，即可求出该位置的倾斜角 δ，即

$$\delta = \arctan \frac{e}{h} \tag{6.1}$$

式中，h 为两观测点的垂直距离；e 为偏移值。

在每测站安置经纬仪投影时，应按正倒镜法测出每对上下观测点标志间的水平位移分量，再按矢量相加法求得水平位移值（倾斜量）和位移方向（倾斜方向）。

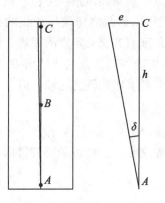

图 6.1　经纬仪投测法示意图

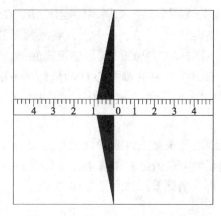

图 6.2　倾斜观测照准标志示意图

（2）测水平角法。如图 6.3 所示，对塔形、圆形建筑或构件，可采用测水平角的方法。P_1 和 P_2 分别为其顶部和底部中心，A 和 B 为地面观测墩，两者与烟囱中心的连线相互垂直。在测站 A 上测得建筑物的底部和顶部两侧边缘线与基准线 AB 之间的夹角分别为 $\angle 1$、$\angle 4$、$\angle 2$、$\angle 3$，在测站 B 上得 $\angle 5$、$\angle 8$、$\angle 6$、$\angle 7$。计算出（$\angle 2 + \angle 3$）/2 和（$\angle 1 + \angle 4$）/2，它们分别表示烟囱上部中心和底部基础中心的方向，已知测站 A 至烟囱中心的距离，即可计算出烟囱上部中心相对于底部基础中心的位移 a_1。同样，计算出（$\angle 6 + \angle 7$）/2 和（$\angle 5 + \angle 8$）/2，计算出测站 B 上测出的烟囱上部中心相对于底部基础中心的位移 a_2。将 a_1 和 a_2 相加，即可得到烟囱上部中心相对于基础底部中心的相对位移值，如图 6.4 所示。

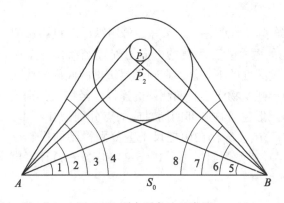

图 6.3　测水平角法示意图

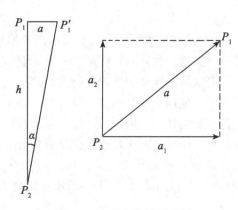

图 6.4　矢量相加法示意图

每测站的观测应以定向点作为零方向，测出各观测点的方向值和至底部中心的距离，计算顶部中心相对底部中心的水平位移分量。对矩形建筑，可在每测站直接观测顶部观测点与底部观测点之间的夹角或上层观测点与下层观测点之间的夹角，以所测角值与距离值计算整体的或分层的水平位移分量和位移方向。

（3）前方交会法。当测定偏距 e 的精度要求较高时，可以采用角度前方交会法。如图

6.5 所示，首先在圆形建筑物周围标定 A、B、C 三点，观测其转角和边长，则可求得其坐标；然后分别设站于 A、B、C 三点，观测圆形建筑物顶部两侧切线与基线的夹角，并取其平均值；以同样的方法观测圆形建筑物底部；按角度前方交会定点的原理，即可求得圆形建筑物顶部圆心 O' 和底部圆心 O 的坐标。先用角度前方交会公式计算出 O' 点和 O 点的坐标，再用式(6.2)计算出偏移距 e，再用式(6.1)即可求出建筑物的倾斜值。

$$e = \sqrt{(x_{O'} - x_O)^2 + (y_{O'} - y_O)^2} \tag{6.2}$$

所选基线应与观测点组成最佳构形，交会角宜为 60°～120°。水平位移计算可采用直接由两周期观测方向值之差解算坐标变化量的方向差交会法，也可采用按每周期计算观测点坐标值，再以坐标差计算水平位移的方法。

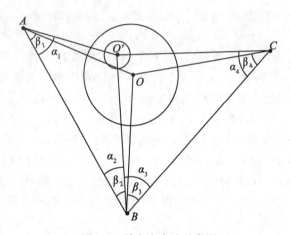

图6.5 前方交会法示意图

（4）纵横距投影法。一些圆形高耸型建筑物，如水塔、烟囱等，可用纵横距投影法测量其倾斜度。如图6.6所示，在圆形建筑物的两个相互垂直的方向上安置经纬仪或全站仪，要求测站距离圆形建筑物的距离应大于其高度的 1.5 倍，在圆形建筑物的底部横放两把尺子，使两尺相互垂直，且分别垂直于圆形建筑物中心与两测站的连线。经纬仪分别照准建筑物的顶部、底部的边缘，向下投影，圆形建筑物底部四周对应的点分别为 A_1、A_2、A_3、A_4，顶部四周所对应的点分别为 B_1、B_2、B_3、B_4，在两把尺子上分别得到的投影读数分别为 x_{A_1}、x_{A_3}、x_{B_1}、x_{B_3}；y_{A_2}、y_{A_4}、y_{B_2}、y_{B_4}；则倾斜量可用式(6.3)和式(6.4)计算出偏移距 e，再用式(6.1)即可求出建筑物的倾斜值。

$$\left. \begin{array}{c} \delta_x = \dfrac{(x_{B_1} + x_{B_3}) - (x_{A_1} + x_{A_3})}{2} \\[2mm] \delta_y = \dfrac{(y_{B_2} + y_{B_4}) - (y_{A_2} + y_{A_4})}{2} \end{array} \right\} \tag{6.3}$$

$$e = \sqrt{\delta_x^2 + \delta_y^2} \tag{6.4}$$

（5）全站仪测距法。如图6.7所示，假设某高层建筑物甲附近又要新建建筑物乙，因为乙建筑物基坑开挖深度较大，且离甲建筑物较近，因此要求对甲建筑物进行倾斜监测，

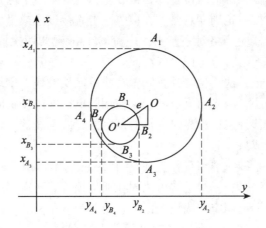

图 6.6　纵横距投影法示意图

在基坑开挖前，先在甲建筑物顶部两侧布设三对距离观测标志，标志采用如图 6.8 所示的全站仪反射片，先将反射片贴于铁片上，然后再将铁片钉设于墙面上。使用高精度的全站仪测量观测基点 M 和 N 各自到 A、B、C 和 D、E、F 的距离，距离读数到 0.1mm，根据各次观测得到的距离差值，即可确定建筑物的倾斜情况。

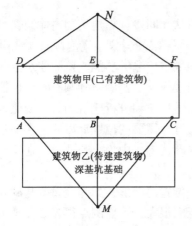

图 6.7　全站仪测距法倾斜观测示意图

图 6.8　全站仪反射片示意图

这种方法要求基准点 M 和 N 的位置要非常稳定，因此通常要布设在基坑影响范围以外。通常情况下，要求在 M 和 N 的附近其他稳定的建筑物墙壁上再设置若干个检查点，同样贴上反射片，每次观测时，检查基准点 M 和 N 是否有变化。这种方法要求全站仪要有高精度的激光对中装置，以确保提高对中精度。另外，基准点 M 和 N 的位置最好能够位于通过各监测点的楼体的垂线上，因此有时候需要布设多个基准点。

当利用建筑或构件的顶部与底部之间的竖向通视条件进行主体倾斜观测时，宜选用下列观测方法：

①激光铅锤仪法。在顶部适当位置安置接收靶，在其垂线下的地面或地板上安置激光铅直仪或激光经纬仪，按一定周期观测，在接收靶上直接读取或量出顶部的水平位移量和位移方向。作业中，仪器应严格对中整平，应旋转180°观测两次取其中数。对超高层建筑，当仪器设在楼体内部时，应考虑大气湍流影响。

②激光位移计自动记录法。位移计宜安置在建筑底层或地下室地板上，接收装置可设在顶层或需要观测的楼层，激光通道可利用未使用的电梯井或楼梯间隔，测试室宜选在靠近顶部的楼层内。当位移计发射激光时，从测试室的光线示波器上可直接获取位移图像及有关参数，并自动记录成果。

③正、倒垂线法。垂线宜选用直径为 0.6~1.2mm 的不锈钢丝或钢瓦丝，并采用无缝钢管保护。采用正垂线法时，垂线上端可锚固在通道顶部或所需高度处设置的支点上。采用倒垂线法时，垂线下端可固定在锚块上，上端设浮筒。用来稳定重锤、浮子的油箱中应装有阻尼液。观测时，由观测墩上安置的坐标仪、光学垂线仪、电感式垂线仪等量测设备，按一定周期测出各测点的水平位移量。

④吊垂球法

吊垂球法是在建筑物顶部或需要的高度处观测点位置上，直接悬挂或者支出一点悬挂适当重量的垂球，在垂线下的底部固定读数设备(如毫米格网读数板)，直接读取或量出上部观测点相对底部观测点的水平位移量和位移方向。吊垂球法的优点是量测方法简单，读数直观，但缺点是受风速影响大，一般超过 10m 的高层建筑不适合使用。

4. 间接法测定建筑物的倾斜

间接法是指通过测定建筑物基础相对沉降值从而间接计算建筑物主体倾斜量的方法。

(1)倾斜仪测记法。可采用水管式倾斜仪、水平摆倾斜仪、气泡倾斜仪或电子倾斜仪进行观测。倾斜仪应具有连续读数、自动记录和数字传输的功能。监测建筑上部层面倾斜时，仪器可安置在建筑顶层或需要观测的楼层的楼板上。监测基础倾斜时，仪器可安置在基础面上，以所测楼层或基础面的水平倾角变化值反映和分析建筑倾斜的变化程度。

使用倾斜仪监测建筑物倾斜时，将倾斜仪安置在需要的位置上以后，转动带有读数盘的测微轮，通过测微杆向上或向下移动，直至水准气泡居中为止。此时，在读数盘上读出该处的倾斜度。有关倾斜仪的使用方法见第 2 章。

倾斜仪适用于观测较大的倾斜角或量测局部位置的变形，如测定设备基础和平台的倾斜。倾斜仪虽有明显的优点，但当建筑物变形范围很大、工作测点很多时，这类仪器就不如水准仪灵活。因此，变形观测的常用方法仍是水准测量。

(2)测定基础差沉降法。在基础上选设观测点，采用水准测量方法，以所测各周期基础的沉降差换算求得建筑整体倾斜度及倾斜方向，这种方法是假定建筑物是一个刚性整体。设建筑物上同一轴线上有 i、j 两个沉降监测点，其间距为 L，它们在某时刻的沉降量为 S_i 和 S_j，则可计算出轴线方向上的倾斜量 τ_{ij} 为

$$\tau_{ij} = \frac{S_j - S_i}{L} \tag{6.5}$$

无论采用哪种倾斜观测方法，对高层建筑而言，必须分别在相互垂直的两个方向进行。通过倾斜观测得到的建筑物倾斜度，结合建筑物基础不均匀沉降，同建筑物及基础倾

斜允许值进行比较，以判别建筑物是否在安全范围内。

6.2.3 建筑物裂缝监测方法

房屋的不均匀沉降和倾斜必然会导致结构构件的应力调整，因此，当在建筑物表面有裂缝现象发生时，为了观测其现状和发展，应对裂缝进行监测。

1. 裂缝观测内容

裂缝观测的主要目的是查明裂缝情况，掌握变化规律，分析成因和危害，以便采取对策，保证建筑物安全运行。裂缝观测应测定建筑物上的裂缝分布位置，裂缝的走向、长度、宽度、深度、错距及其变化程度。观测的裂缝数量视需要而定，对主要的或变化大的裂缝应进行观测。以便根据这些资料分析其产生裂缝的原因及其对建筑物安全的影响，及时采取有效措施处理。

2. 裂缝观测要求

(1)裂缝观测应测定建筑上的裂缝分布位置和裂缝的走向、长度、宽度及其变化情况。

(2)当建筑物发生多处裂缝时，应对需要观测的裂缝统一进行编号。每条裂缝应至少布设两组观测标志，其中一组应在裂缝的最宽处，另一组应在裂缝末端。每组应使用两个对应标志，分别设在裂缝的两侧。

(3)裂缝观测标志应具有可供量测的明晰端面或中心。长期观测时，可采用镶嵌或埋入墙面的金属标志、金属杆标志或楔形板标志；短期观测时，可采用油漆平行线标志或用建筑胶粘贴的金属片标志。当需要测出裂缝纵横向变化值时，可采用坐标方格网板标志。使用专用仪器设备观测的标志，可按具体要求另行设计。

(4)对于数量少、量测方便的裂缝，可根据标志形式的不同，分别采用比例尺、小钢尺或游标卡尺等工具定期量出标志间距离求得裂缝变化值，或用方格网板定期读取"坐标差"计算裂缝变化值；对于大面积且不便于人工量测的众多裂缝，宜采用交会测量或近景摄影测量方法；需要连续监测裂缝变化时，可采用测缝计或传感器自动测记方法观测。

(5)裂缝观测的周期应根据其裂缝变化速度而定。开始时，可半月测一次，以后一月测一次。当发现裂缝加大时，应及时增加观测次数。

(6)裂缝观测中，裂缝宽度数据应量至 0.1mm，每次观测应绘出裂缝的位置、形态和尺寸，注明日期，并拍摄裂缝照片。

3. 裂缝观测标志

为了观测裂缝的发展情况，要在裂缝处设置观测标志。对设置标志的基本要求是：当裂缝开展时，标志就能相应地开裂或变化，并能正确地反映建筑物裂缝发展情况，其标志形式一般采用如下三种：

(1)石膏板标志。当仅需要掌握已开裂缝是否发展时，可采用石膏标志方法定性地观察。石膏板标志用厚 10mm、宽 50~80mm 的石膏板(长度视裂缝大小而定)，在裂缝两边固定牢固。当裂缝继续发展时，石膏板也随之开裂，从而观察裂缝继续发展的情况。

(2)白铁片标志。如图 6.9 所示，用两块白铁皮，一片取 150mm×150mm 的正方形，固定在裂缝的一侧，并使其一边和裂缝的边缘对齐；另一片为 50mm×200mm 的矩形，固定在裂缝的另一侧，使两块白铁皮的边缘相互平行，并使其中的一部分重叠。当两块白铁片固定好以后，在其表面均涂上红色油漆。如果裂缝继续发展，两白铁片将逐渐拉开，露出正方形白铁上原被覆盖的没有涂油漆的部分，其宽度即为裂缝加大的宽度，可用尺子量出。

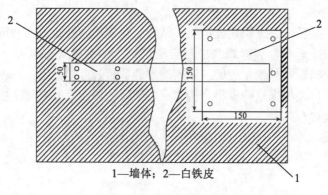

1—墙体；2—白铁皮

图 6.9　白铁皮标志示意图

（3）埋钉法。在建筑物大的裂缝两侧各钉一颗钉子，通过测量两侧两颗钉子之间的距离变化来判断变形滑动。这种方法对于临灾前兆的判断是非常有效的。其标志设置具体如图 6.10 所示，在裂缝两边凿孔，将长约 10cm 直径 10mm 以上的钢筋棒插入，并使其露出墙外 2cm 左右，用水泥砂浆填灌牢固。在两钢筋棒埋设前，应先把钢筋棒一端锉平，在上面刻画十字线或中心点，作为量取其间距的依据。待水泥砂浆凝固后，量出两钢筋棒之间的距离，并记录下来。以后如裂缝继续发展，则钢筋棒的间距也就不断加大。定期测量两钢筋棒之间距并进行比较，即可掌握裂缝开展情况。

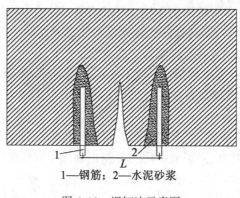

1—钢筋；2—水泥砂浆

图 6.10　埋钉法示意图

4. 裂缝观测的方法

对于混凝土建筑物上裂缝的位置、走向及长度的监测，是在裂缝的两端用油漆画线作为标志，或在混凝土表面绘制方格坐标，用三角尺或钢尺丈量。

112

（1）测微器法。该法主要用于测量裂缝的宽度和错距，主要包括单向标点测缝标点法和三向标点测缝标点法。

①单向标点测缝法：一般用于测量裂缝的宽度。在实际应用中，可根据裂缝分布情况，对重要的裂缝，选择有代表性的位置，在裂缝两侧各埋设一个标点；标点采用直径为20mm、长约80mm的金属棒，埋入混凝土内60mm，外露部分为标点，标点上各有一个保护盖。两标点的距离不得少于150mm，用游标卡尺定期地测定两个标点之间距离变化值，以此来掌握裂缝的发展情况，其测量精度一般可达到0.1mm，如图6.11所示。

②三向标点测缝法：三向测缝标点有板式和杆式两种，目前大多采用板式三向测缝标点。板式三向测缝标点是将两块宽为30mm、厚为5~7mm的金属板制作成相互垂直的3个方向的拐角，并在型板上焊三对不锈钢的三棱柱条，用以观测裂缝3个方向的变化，用螺栓将型板锚固在混凝土上。用外径游标卡尺测量每对三棱柱条之间的距离变化，即可得三维相对位移，如图6.12所示。

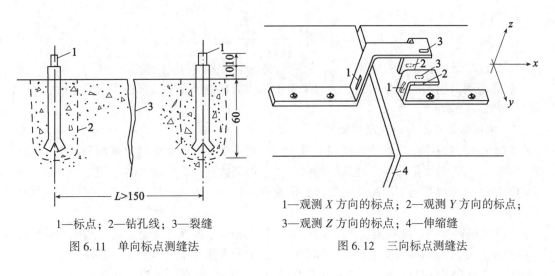

1—标点；2—钻孔线；3—裂缝

图6.11　单向标点测缝法

1—观测 X 方向的标点；2—观测 Y 方向的标点；
3—观测 Z 方向的标点；4—伸缩缝

图6.12　三向标点测缝法

（2）测缝计法。测缝计可分为电阻式、电感式、电位式、钢弦式等多种，由波纹管、上接座、接线座及接座套筒组成仪器外壳。差动电阻式的内部构造是由两根方铁杆、导向板、弹簧及两根电阻钢丝组成，两根方铁杆分别固定在上接座和接线座上，形成一个整体。测缝计具体使用方法参见第2章。

5. 裂缝观测的周期

裂缝观测的周期应视裂缝变化速度而定。通常，开始时，可半月测一次，以后一月左右测一次。当发现裂缝加大时，应增加观测次数，直至几日或每日一次的连续观测。

6.2.4　建筑物挠度监测方法

挠度是指建筑物或其构件在水平方向或竖直方向上的弯曲值，如桥的梁部在中间会产生向下弯曲，高耸型建筑物会产生侧向弯曲。建筑物的挠度观测包括建筑物基础挠度观测、建筑物主体挠度观测及独立构筑物(如墙或柱)的挠度观测。

113

1. 建筑物水平方向的挠度观测

图 6.13 所示是对梁进行挠度观测的例子。在梁的两端及中部设置三个变形观测点 A、B、C，定期对这三个点进行沉降观测，可依据下式计算各期相对于首期的挠度值：

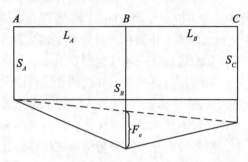

图 6.13　挠度观测示意图

$$F_e = (S_B - S_A) - \frac{L_A}{L_A + L_B}(S_C - S_A) \tag{6.6}$$

式中，L_A、L_B 是观测点间的距离；S_A、S_B、S_C 是三个观测点的沉降量。

沉降观测可用水准测量的方法，如果由于结构或其他原因无法采用水准测量时，也可采用三角高程的方法。

2. 建筑物竖直方向的挠度观测

对于高层建筑物，当较小的面积上有很大的集中荷载时，可能导致基础和建筑物的沉陷，其中不均匀的沉陷将导致建筑物的倾斜，使局部构件产生弯曲并导致裂缝的产生。建筑物的挠度值可由观测不同高度处的倾斜值换算求得，也可以采用激光准直仪观测的方法求得。

(1)建筑物基础挠度观测，可与建筑物沉降观测同时进行。观测点应沿基础的轴线或边线布设，每一基础不得少于 3 点。标志设置、观测方法与沉降监测基本相同。

(2)建筑物主体挠度观测，高耸建筑物竖直方向的挠度观测是测定在不同高度上的几何中心或棱边等特殊点相对于底部几何中心或相应点的水平位移，并将这些点在其扭曲方向的铅垂面上的投影绘成曲线，即挠度曲线。水平位移的观测可采用测角前方交会法、极坐标法或垂线法等。

对内部有竖直通道的建筑物，挠度观测多采用垂线观测，即从建筑物顶部附近悬挂一根不锈钢丝，下挂重锤，直到建筑物底部。在建筑物不同高程上设置观测点，以坐标仪定期测出各点相对于垂线最低点的位移。比较不同周期的观测成果，即可求得建筑物的挠度值。垂线观测具体方法见第 2 章。

如果采用电子传感设备，可将观测点相对于垂线的微小位移变换成电感输出，经放大后由电桥测定，并显示各点的挠度值。

6.2.5　建筑物日照和风振监测

建筑物的日照变形因建筑的类型、结构、材料以及阳光照射方位、高度的不同而不

114

同。例如，湖北一座183m高的电视塔，24h的偏移达130mm。日照变形测量在高耸建筑物或单柱受强阳光照射或辐射的过程中进行，应测定建筑物上部由于向阳面与背阴面温差引起的偏移及其变形规律。

塔式建筑物在温度荷载和风荷载作用下会产生来回摆动，因而需要对建筑物进行动态观测。例如，美国纽约帝国大厦高102层，观测结果表明：在风荷载作用下，最大摆动达7.6cm。风振观测应在高层、超高层建筑物受强风作用的时间阶段同步测定建筑物的顶部风速、风向和墙面风压以及顶部的水平位移，宜获得风压分布、梯形系数及风振系数。

6.3 建筑物变形监测资料及报告

6.3.1 建筑物变形监测资料

建筑物变形监测的成果包括沉降监测点平面布置图、倾斜监测点平面布置图、裂缝监测标志示意图、沉降监测成果汇总表、变形曲线图、变形等值线图、变形监测报告等。各项监测按设计要求完成后，向委托单位提交下列观测成果：

（1）沉降监测应提交下列图表：

①沉降观测点位布置图及基准点图；

②沉降观测成果表；

③$P\text{-}T\text{-}S$（荷载、时间、沉降量）曲线图；

④$V\text{-}T\text{-}S$（速度、时间、沉降量）曲线图；

⑤建筑物等沉降曲线图。

（2）倾斜观测应提交下列图表：

①倾斜观测点位布置图及基准点图；

②倾斜观测成果表；

③主体倾斜曲线图。

（3）水平位移观测应提交下列图表：

①水平位移观测点位布置图及基准点图；

②水平位移观测成果表；

③水平位移曲线图。

（4）裂缝观测应提交下列图表：

①裂缝位置分布图及基准点图；

②裂缝观测成果表；

③裂缝变化曲线图。

6.4 建筑物沉降监测实例

1. 工程概况

××××住宅小区位于××市×××路，二期工程共22栋楼，分四个标段施工，其中三标段为 9#、10#、17#、18#、19#楼,四标段为 11#、12#、13#、14#、15#、16#、23#、24#楼,五标段为 20#、21#、22#、26#、27#、28#、29#、30#楼,六标段为青年公寓楼,其中,9#、10#、12#、13#、14#、15#、16#、23#、24#、26#、27#、28#楼和青年公寓楼楼层数为地面 11 层,地下 1 层;17#、18#、19#、20#、21#、22#、29#、30#楼楼层数地面为 17 层,地下 1 层。各栋建筑主体均采用框剪结构,基础结构除 26#、27#楼采用独立基础外,其余各栋均采用人工挖孔灌注桩基础。受××××委托,由××××完成二期工程各楼沉降变形观测工作。

2. 沉降观测的级别及水准观测技术要求

根据设计图纸及《建筑变形测量规范》(JGJ 8—2007)建筑变形测量精度级别的选定原则,确定本工程各栋建筑沉降观测等级为二级,观测点测站高差中误差不大于±0.5m。

3. 观测依据

《工程测量规范》(GB50026—2007);

《建筑变形测量规范》(JGJ 8—2007);

《国家一、二等水准测量规范》(GB/T12897—2006);

《建筑基坑工程监测技术规范》(GB50497—2009)。

4. 基准点及观测点布置

基准点布置:根据《建筑变形测量规范》(JGJ 8—2007)的具体要求,基准点布置在变形影响范围以外且稳定、易于长期保存的位置。结合本测区实际情况,为便于沉降观测作业以及基准点间的相互校核,在二期周边区域共布置 10 个浅埋钢管水准基点,编号依次为 BM1、BM2、BM3、BM4、BM5、BM6、BM7、BM8、BM9、BM10,其中,BM1、BM2 和 BM3 为一期工程各栋沉降观测用基准点。由于受施工现场条件限制,BM1、BM2、BM3 组成闭合环,建立独立高程系统,其中假设 BM1 点高程为 0.00000m;BM4、BM5、BM6 组成闭合环,建立独立高程系统,其中假设 BM5 点高程为 0.00000m;BM7、BM8、BM9、BM10 组成闭合环,建立独立高程系统,其中假设 BM7 点高程为 1.00000m。

观测点布置:根据设计图纸(二期沉降观测点平面布置图),在各栋地下 1 层,离地面 0.5m 左右的承力柱(墙)共布置沉降观测点 108 个,其中,9#、12#、14#、15#、16#、17#、18#、19#、20#、21#、22#、29#、30#楼各布置 4 个观测点,共 52 个;10#、11#、13#、23#、24#、26#、27#楼及青年公寓楼各布置 6 个观测点,共 48 个;28#楼布置 8 个观测点。基准点及观测点布置详见图 6.14。

5. 建筑物沉降稳定标准

《建筑变形测量规范》(JGJ 8—2007)中指出建筑沉降变形的稳定标准应由沉降量-时间关系曲线判定。当最后 100d 的沉降速率小于 0.01~0.04mm/d 时,可认为建筑物已经进入稳定阶段,具体取值宜根据各地区地基土的压缩性确定,本工程取小于 0.04mm/d。

6. 观测成果

沉降观测成果详见表 6.2~表 6.4,沉降量曲线图见图 6.15~图 6.22。限于篇幅,监测成果表和曲线图只绘制了 13#楼的。

根据各栋观测成果分析,基础平均沉降量最大的是 16 栋为 19.50mm,小于规范规定体形简单的高层建筑基础平均沉降量 200mm 的允许沉降值;沉降差最大为 11 栋,差异沉

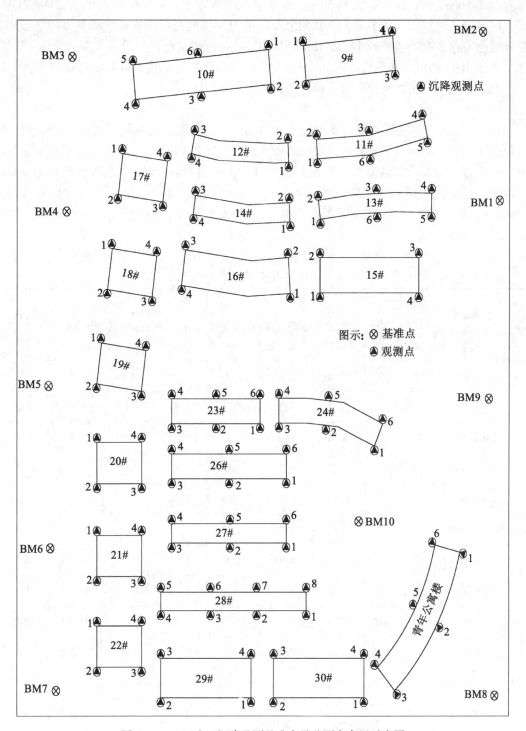

图 6.14 ××小区沉降监测基准点及监测点布置示意图

降量为 6.1mm，局部倾斜率为 0.54‰，远小于规范规定 2‰~3‰的允许值。主体施工阶段，随着施工楼层的不断上升，荷载随之不断增加，各观测点的累计沉降量也随之增加；主体装修阶段，沉降速率减小，累计沉降量增幅随之放缓；使用阶段，沉降速率进一步减缓，最后 100d 的沉降速率均小于 0.01mm/d，小于沉降稳定标准值 0.04mm/d，因此可认为二期各栋主体建筑物沉降已进入稳定阶段。

7. 结论

经过对二期工程各栋主体建筑物近 3 年时间的沉降观测，观测成果表明，各栋楼整体沉降基本均匀，观测点平均累计沉降量小于规范规定体形简单的高层建筑基础平均沉降量允许变形值；最大局部倾率小于规范规定允许值；最后 100d 沉降速率均小于 0.04mm/d 沉降稳定标准值，可认为二期工程 9#、10#、11#、12#、13#、14#、15#、16#、17#、18#、19#、20#、21#、22#、23#、24#、26#、27#、28#、29#、30#楼和青年公寓楼主体已进入稳定阶段。

表 6.2　　　　　　　　　　　　××小区 13#楼沉降观测成果表

观测次数	观测日期（年-月-日）	间隔时间（d）	累计时间（d）	测点：1#			测点：2#			荷载情况
				本次下沉（mm）	沉降速率（mm/d）	累计下沉（mm）	本次下沉（mm）	沉降速率（mm/d）	累计下沉（mm）	
1	2009-03-02	0	0	0.00	0.00	0.00	0.00	0.00	0.00	3 层
2	2009-03-28	26	26	1.21	0.05	1.21	1.87	0.07	1.87	6 层
3	2009-04-28	30	56	2.86	0.10	4.07	2.84	0.09	4.71	8 层
4	2009-06-03	35	91	2.35	0.07	6.42	2.33	0.07	7.04	11 层
5	2009-08-09	66	157	1.41	0.02	7.83	2.74	0.04	9.78	装修
6	2009-10-10	61	218	1.59	0.03	9.42	1.76	0.03	11.54	装修
7	2009-12-14	64	282	2.24	0.03	11.66	1.84	0.03	13.38	装修
8	2010-03-18	94	376	1.78	0.02	13.44	1.48	0.02	14.86	使用
9	2010-06-19	91	467	1.74	0.02	15.18	1.15	0.01	16.01	使用
10	2010-09-21	92	559	1.24	0.01	16.42	1.11	0.01	17.12	使用
11	2010-12-27	96	655	0.82	0.01	17.24	1.11	0.01	18.23	使用
12	2011-04-16	109	764	0.88	0.01	18.12	0.44	0.00	18.67	使用
13	2011-08-07	111	875	0.44	0.00	18.56	0.58	0.01	19.25	使用

观测次数	观测日期 （年-月-日）	间隔时间 （d）	累计时间 （d）	测点：3#			测点：4#			荷载情况
				本次下沉 （mm）	沉降速率 （mm/d）	累计下沉 （mm）	本次下沉 （mm）	沉降速率 （mm/d）	累计下沉 （mm）	
1	2009-03-02	0	0	0.00	0.00	0.00	0.00	0.00	0.00	3层
2	2009-03-28	26	26	1.16	0.04	1.16	0.89	0.03	0.89	6层
3	2009-04-28	30	56	2.61	0.09	3.77	2.15	0.07	3.04	8层
4	2009-06-03	35	91	2.40	0.07	6.17	2.59	0.07	5.63	11层
5	2009-08-09	66	157	1.85	0.03	8.02	1.53	0.02	7.16	装修
6	2009-10-10	61	218	1.59	0.03	9.61	0.93	0.02	8.09	装修
7	2009-12-14	64	282	0.71	0.01	10.32	1.49	0.02	9.58	装修
8	2010-03-18	94	376	1.79	0.02	12.11	1.10	0.01	10.68	使用
9	2010-06-19	91	467	0.97	0.01	13.08	0.86	0.01	11.54	使用
10	2010-09-21	92	559	0.59	0.01	13.67	0.78	0.01	12.32	使用
11	2010-12-27	96	655	0.35	0.00	14.02	0.65	0.01	12.97	使用
12	2011-04-16	109	764	0.83	0.01	14.85	0.59	0.01	13.56	使用
13	2011-08-07	111	875	0.32	0.00	15.17	0.45	0.00	14.01	使用

观测次数	观测日期 （年-月-日）	间隔时间 （d）	累计时间 （d）	测点：5#			测点：6#			荷载情况
				本次下沉 （mm）	沉降速率 （mm/d）	累计下沉 （mm）	本次下沉 （mm）	沉降速率 （mm/d）	累计下沉 （mm）	
1	2009-03-02	0	0	0.00	0.00	0.00	0.00	0.00	0.00	3层
2	2009-03-28	26	26	1.87	0.07	1.87	1.56	0.06	1.56	6层
3	2009-04-28	30	56	2.45	0.08	4.32	3.12	0.10	4.68	8层
4	2009-06-03	35	91	2.57	0.07	6.89	2.13	0.06	6.81	11层
5	2009-08-09	66	157	1.34	0.02	8.23	1.77	0.03	8.58	装修
6	2009-10-10	61	218	1.21	0.02	9.44	1.74	0.03	10.32	装修
7	2009-12-14	64	282	1.59	0.02	11.03	1.47	0.02	11.79	装修
8	2010-03-18	94	376	2.22	0.02	13.25	1.09	0.01	12.88	使用
9	2010-06-19	91	467	0.76	0.01	14.01	0.66	0.01	13.54	使用
10	2010-09-21	92	559	0.86	0.01	14.87	0.47	0.01	14.01	使用
11	2010-12-27	96	655	0.82	0.01	15.69	0.51	0.01	14.52	使用
12	2011-04-16	109	764	0.45	0.00	16.14	0.36	0.00	14.88	使用
13	2011-08-07	111	875	0.28	0.00	16.42	0.24	0.00	15.12	使用

各监测点在整个监测过程中各阶段的累计沉降量统计见表 6.3。

表 6.3

××小区 13#楼各点累计沉降值数据表

观测次数	观测日期 年-月-日	时间间隔 (d)	累计时间 (d)	累计沉降量(mm)						各点累计沉降量平均值(mm)
				1#点	2#点	3#点	4#点	5#点	6#点	
1	2009-3-2	0	0	0	0	0	0	0	0	0.00
2	2009-3-28	26	26	1.21	1.87	1.16	0.89	1.87	1.56	1.43
3	2009-4-28	30	56	4.07	4.71	3.77	3.04	4.32	4.68	4.10
4	2009-6-3	35	91	6.42	7.04	6.17	5.63	6.89	6.81	6.49
5	2009-8-9	66	157	7.83	9.78	8.02	7.16	8.23	8.58	8.27
6	2009-10-10	61	218	9.42	11.54	9.61	8.09	9.44	10.32	9.74
7	2009-12-14	64	282	11.66	13.38	10.32	9.58	11.03	11.79	11.29
8	2010-3-18	94	376	13.44	14.86	12.11	10.68	13.25	12.88	12.87
9	2010-6-19	91	467	15.18	16.01	13.08	11.54	14.01	13.54	13.89
10	2010-9-21	92	559	16.42	17.12	13.67	12.32	14.87	14.01	14.74
11	2010-12-27	96	655	17.24	18.23	14.02	12.97	15.69	14.52	15.45
12	2011-4-16	109	764	18.12	18.67	14.85	13.56	16.14	14.88	16.04
13	2011-8-7	111	875	18.56	19.25	15.17	14.01	16.42	15.12	16.42

可以依据表 6.3 绘制某个点的沉降量随时间变化的曲线图，如图 6.15 所示；也可以在一幅图里绘制出所有点的沉降曲线图，如图 6.16 所示。

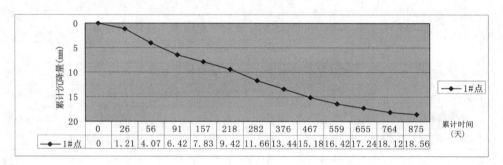

图 6.15　××小区 13#楼 1#点沉降曲线图

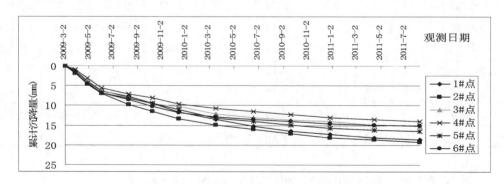

图 6.16　××小区 13#楼各监测点累计沉降值曲线

各沉降监测点沉降量平均值曲线图如图 6.17 所示，整个沉降观测期间的荷载-时间-沉降量(*P-T-S*)曲线图如图 6.18 所示。

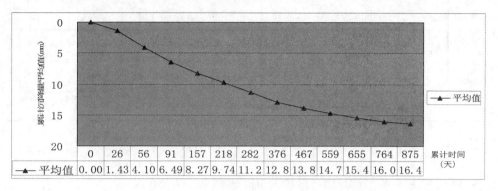

| ▲ 平均值 | 0.00 | 1.43 | 4.10 | 6.49 | 8.27 | 9.74 | 11.2 | 12.8 | 13.8 | 14.7 | 15.4 | 16.0 | 16.4 |

图 6.17　××小区 13#楼各点累计沉降量平均值曲线图

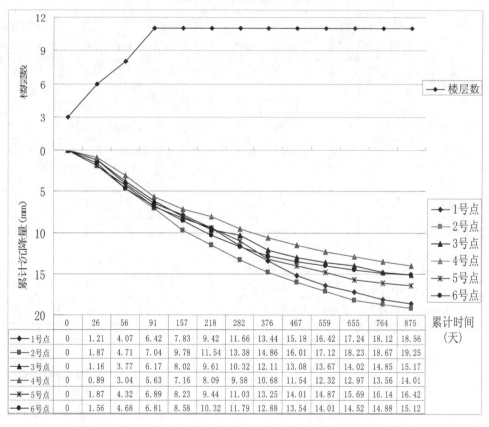

	0	26	56	91	157	218	282	376	467	559	655	764	875
◆ 1号点	0	1.21	4.07	6.42	7.83	9.42	11.66	13.44	15.18	16.42	17.24	18.12	18.56
■ 2号点	0	1.87	4.71	7.04	9.78	11.54	13.38	14.86	16.01	17.12	18.23	18.67	19.25
▲ 3号点	0	1.16	3.77	6.17	8.02	9.61	10.32	12.11	13.08	13.67	14.02	14.85	15.17
▲ 4号点	0	0.89	3.04	5.63	7.16	8.09	9.58	10.68	11.54	12.32	12.97	13.56	14.01
✳ 5号点	0	1.87	4.32	6.89	8.23	9.44	11.03	13.25	14.01	14.87	15.69	16.14	16.42
● 6号点	0	1.56	4.68	6.81	8.58	10.32	11.79	12.88	13.54	14.01	14.52	14.88	15.12

图 6.18　××小区 13#楼各监测点荷载-时间-沉降量(*P-T-S*)曲线图

也可将每个监测点的荷载-时间-沉降量(*P-T-S*)曲线图绘制如图 6.19 所示。

121

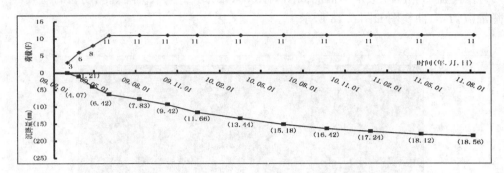

图 6.19 ××小区 13#楼 1#点荷载-时间-沉降量(P-T-S)曲线图

各监测点在整个监测过程中各阶段的沉降速率统计见表 6.4。

表 6.4   ××小区 13#楼各点沉降速率数据表

观测次数	观测日期 年-月-日	时间间隔 (d)	累计时间 (d)	沉降速率（mm/d）						各点沉降速率平均值（mm/d）
				1#点	2#点	3#点	4#点	5#点	6#点	
1	2009-3-2	0	0	0.00	0.00	0.00	0.00	0.00	0.00	0.00
2	2009-3-28	26	26	0.05	0.07	0.04	0.03	0.07	0.06	0.05
3	2009-4-28	30	56	0.10	0.09	0.09	0.07	0.08	0.10	0.09
4	2009-6-3	35	91	0.07	0.07	0.07	0.07	0.07	0.06	0.07
5	2009-8-9	66	157	0.02	0.04	0.03	0.02	0.02	0.03	0.03
6	2009-10-10	61	218	0.03	0.03	0.03	0.02	0.02	0.03	0.03
7	2009-12-14	64	282	0.03	0.03	0.01	0.02	0.02	0.02	0.02
8	2010-3-18	94	376	0.02	0.02	0.02	0.01	0.02	0.01	0.02
9	2010-6-19	91	467	0.02	0.01	0.01	0.01	0.01	0.01	0.01
10	2010-9-21	92	559	0.01	0.01	0.01	0.01	0.01	0.01	0.01
11	2010-12-27	96	655	0.01	0.01	0.00	0.01	0.01	0.01	0.01
12	2011-4-16	109	764	0.01	0.00	0.01	0.01	0.00	0.01	0.01
13	2011-8-7	111	875	0.00	0.01	0.00	0.00	0.00	0.00	0.00

根据表 6.4，可以绘制各监测点沉降速率曲线图，如图 6.20 所示；也可绘制各监测点沉降速率平均值曲线图，如图 6.21 所示。

整个沉降观测期间的沉降速率-时间-沉降量(V-T-S)曲线图如图 6.22 所示。

将 13#楼 1~6#点最终沉降量绘制成沉降量等值线图，如图 6.23 所示。

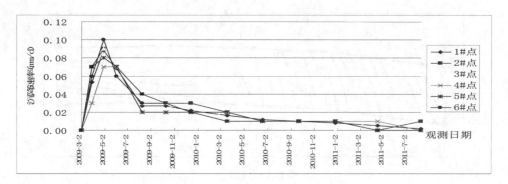

图 6.20　××小区 13#楼各监测点沉降速率曲线图

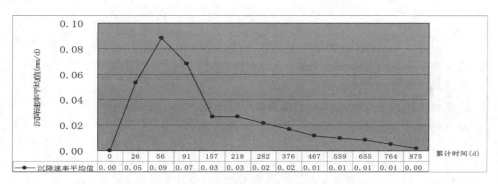

图 6.21　××小区 13#楼各点沉降速率平均值曲线图

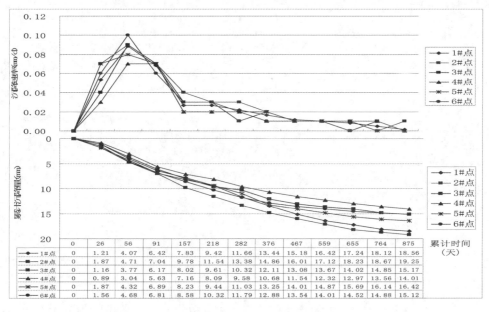

图 6.22　××小区 13#楼各点沉降速率-时间-沉降量(V-T-S)平均值曲线图

123

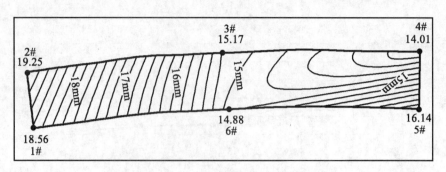

图 6.23　13#楼 1~6#点最终沉降量等值线图

◎ 习题与思考题

1. 建筑物变形监测包括哪些内容?
2. 建筑物沉降监测需要上交哪些成果?
3. 建筑物主体倾斜观测有哪些常用方法?
4. 建筑物裂缝观测有哪些常用方法?

124

第7章 地铁工程变形监测

【教学目标】

本章主要介绍地铁工程变形监测的目的、意义、内容和方法。要求了解地铁工程施工监测方案的编制方法、常见监测仪器的使用方法，掌握地铁工程监测的常用方法。重点掌握地铁工程变形监测中常用的沉降监测、位移监测等的选点布网、数据的获取、资料的整理、变形曲线的绘制、监测报告的编写等，并结合实例来说明地铁工程监测的具体实施过程。地铁监测的项目很多，本章重点介绍的是几何变形的监测项目，物理量的监测仅作简单介绍。

7.1 地铁工程变形监测概述

随着城市建设的飞速发展和城市人口的急剧增加，城市交通已经不能单纯依靠地面道路，地下铁路已经在各大城市中广泛引入，有效地缓解了城市交通拥挤堵塞的状况。地铁施工主要采用明挖回填法、盖挖逆筑法、喷锚暗挖法、盾构掘进法等施工方法，明挖法通常会严重影响地面交通，所以较少使用。现代城市地铁施工中主要施工方法是盾构掘进法。地铁工程主要包括基坑工程和隧道工程。本章重点介绍盾构法施工时需要进行的变形监测工作。

7.1.1 地铁隧道施工的几种方法

1. 明挖回填法

明挖回填法是指先将隧道部位的岩(土)体全部挖除，然后修建洞身、洞门，再进行回填的施工方法。明挖法具有施工简单、快捷、经济、安全的优点，城市地下隧道式工程发展初期都把它作为首选的开挖技术。其缺点是对周围环境的影响较大。明挖法的关键工序是：降低地下水位，边坡支护，土方开挖，结构施工及防水工程等，其中，边坡支护是确保安全施工的关键技术。

2. 盖挖逆筑法

盖挖逆筑法是先建造地下工程的柱、梁和顶板，然后上部恢复地面交通，下部自上而下进行土体开挖及地下主体工程施工的一种方法。盖挖逆筑法施工大致分为两个阶段，第一阶段为地面施工阶段，包括围护墙、中间支承桩、顶板土方及结构施工；第二阶段为洞内施工阶段，包括土方开挖、结构、装修施工和设备安装。

3. 喷锚暗挖法

喷锚暗挖法是在隧道开挖过程中，隧道已经开挖成型后，将一定数量、一定长度的锚杆，按一定的间距垂直锚入岩（土）体，在锚杆外露端挂钢筋网，再在隧道表面喷射混凝土，使混凝土、钢筋网、锚杆组成一个防护体系。当埋深较浅时，一般会增加超前小导管或长管棚的设计，此时又称为浅埋暗挖法。

4. 盾构掘进法

盾构掘进法简称盾构法，是隧道工程施工中运用的一项新型施工技术，它是将隧道的掘进、运输、衬砌、安装等各工作综合为一体的施工方法，具有自动化程度高、施工精度高、不受地面交通和建筑物影响等优点，目前已广泛用于地铁、铁路、公路、市政、水电等隧道工程中。

盾构隧道掘进机是一种隧道掘进的专用工程机械，现代盾构掘进机集光、机、电、液、传感、信息技术于一体，具有开挖切削土体、输送土碴、拼装隧道衬砌、测量导向纠偏等功能。地铁盾构施工是从一个车站的预留洞推进，按设计的线路方向和纵坡进行掘进，再从另一个车站的预留洞中推出，以完成地铁隧道的掘进工作。

7.1.2 地铁工程变形监测的目的和意义

地铁在施工建设和运营过程中，必然会产生一定的沉降，若沉降量超过一定限度或者是产生了不均匀沉降，将会引起基坑及隧道结构的变形，严重影响安全施工和运营，甚至造成巨大的生命和财产安全事故。实际施工的工作状态往往与设计预估的工作状态存在一定的差异，有时差异程度很大，所以，在地铁工程基坑开挖及支护、隧道掘进及围护施工期间要开展严密的现场监测，以保证施工的顺利进行。

地铁工程变形监测的主要目的是通过对地表变形、围护结构变形、隧道开挖后侧壁围岩内力的监测，掌握围岩与支护的动态信息并及时反馈，指导施工作业和确保施工安全。经过对监测数据的分析处理和必要的判断后，进行预测和反馈，以保证施工安全和地层及支护的稳定。对监测结果进行分析，可应用到其他类似工程中，作为指导施工的依据。

地铁工程变形监测的主要意义体现在以下几个方面：

(1)监测基坑及隧道稳定和变形情况，验证围护结构、支护结构的设计效果，保证基坑稳定、隧道围岩稳定、支护结构稳定、地表建筑物和地下管线的安全；

(2)通过对基坑及隧道各项监测的结果进行分析，为判断基坑、结构和周边环境的稳定性提供参考依据；

(3)通过监控量测，验证施工方法和施工手段的科学性和合理性，以便及时调整施工方法，保证工程施工安全；

(4)通过量测数据的分析处理，掌握基坑和隧道围岩稳定性的变化规律，修改或确认设计及施工参数，为今后类似工程的建设提供经验。

7.1.3 地铁隧道监测方案的编制依据

地铁隧道监测方案的编制依据包括：

(1)工程设计施工图；

(2)工程投标文件及施工承包合同；

(3)工程有关管理文件及有关的技术规范和要求；

(4)《地铁工程监控量测技术规程》(DB11/490—2007);

(5)《地下铁道、轻轨交通工程测量规范》(GB50308—1999);

(6)《地下铁道工程施工及验收规范》(GB50299—1999);

(7)《建筑变形测量规范》(JGJ8—2007);

(8)《建筑基坑工程监测技术规范》(GB50497—2009);

(9)《工程测量规范》(GB50026—2007);

(10)《国家一、二等水准测量规范》(GB/T12897—2006)。

7.2　地铁工程变形监测的内容

地铁在修建施工中,监测工作的内容总体上有地层沉降监测、水平位移监测、支护结构变形监测(包括支护体系的沉降、水平位移和挠曲变形)、支护结构的内力监测(包括支撑杆件的轴力监测和围护结构的弯矩监测)、地下水土压力和变形的监测(包括土压力监测和孔隙水压力监测、地下水位监测、深层土体位移监测、基坑回弹监测)、周边道路及建筑物的变形监测(沉降监测、水平位移监测、倾斜监测和裂缝监测)、地下管线变形监测等。

地铁工程主要分为基坑工程和隧道工程两部分,下面分别介绍其监测的内容。

7.2.1　地铁基坑工程施工监测的主要内容

地铁工程基坑施工监测的内容分为两大部分,即围护结构和相邻环境的监测。围护结构按支护形式不同,又分为明挖放坡、土钉墙围护、桩、连续墙围护等,同时结合横撑、腰梁、锚索等,围护结构施工监测一般包括围护桩墙、支撑、腰梁和冠梁、立柱、土钉内力、锚索内力等项,环境监测包括监测相邻地层、地下管线、相邻房屋等内容。综合各类基坑,一般地铁工程基坑施工监测内容详见表7.1。

表 7.1　　　　　　　　　　地铁工程基坑施工监测项目一览表

序号	监测对象		监测项目	测试元件与仪器
1	围护结构	围护桩墙	1 墙顶水平位移与沉降	精密水准仪经纬仪
			2 桩墙深层挠屈	测斜仪
			3 桩墙内力	钢筋应力传感器、频率仪
			4 桩墙水平土压力	土压计、渗压计、频率仪
2		水平支撑	轴力	钢筋应力传感器、频率仪、位移计
3		冠梁和腰梁	1 内力	钢筋应力传感器、频率仪
			2 水平位移	经纬仪
4		土钉	拉力	钢筋应力传感器、频率仪
5		锚索	拉力	锚索测力传感器、频率仪
6		立柱	沉降	精密水准仪
7		基坑底	基坑底部回弹隆起	PVC管、磁环分层沉降仪或水准仪

序号	监测对象	监测项目		测试元件与仪器
8		1 地面水平位移与沉降		精密水准仪、经纬仪
9	地层	2 地中水平位移		测斜管、测斜仪
10		3 地中垂直位移		PVC 管、磁环分层沉降仪或水准仪
11		4 土压力		电测水位计
12		1 坑内地下水位		水位管、水位计
13	地下水	2 坑外地下水位		水位管、水位计
14		3 空隙水压力		水压计
15		1 地下管线水平位移与沉降		精密水准仪、经纬仪
16		2 道路水平位移与沉降		精密水准仪、经纬仪
17	建筑物	3 建筑物水平位移与沉降		精密水准仪、经纬仪
18		4 建筑物倾斜		经纬仪、垂准仪
19		5 道路与建筑物裂缝		裂缝监测仪等

注：第2列"相邻环境监测"为序号8~19合并单元格。

7.2.2 地铁隧道工程施工监测的注意内容

地铁隧道监测通常分为施工前和施工中两个阶段，隧道开挖前的监测主要是进行原位测试，即通过地质调查、勘探，通过直接剪切试验、现场实验等手段来掌握围岩的特征，包括构造、物理力学性质、初始应力状态等。施工中监测主要是对围岩与支护的变形、应力（应变）以及相互间的作用力进行观测。一般地铁暗挖隧道工程施工监测内容详见表 7.2。

表 7.2 地铁暗挖隧道工程施工监测项目一览表

序号	监测项目	方法和工具
1	地质和支护状况观察	地层土性及地下水情况，地层松散坍塌情况及支护裂缝观察
2	洞内水平收敛	各种类型收敛计，全站仪非接触量测系统
3	拱顶下沉拱底隆起	水平仪、水准尺、挂钩钢尺、全站仪非接触量测系统
4	地表沉降	水平仪、水准尺、全站仪
5	地中位移（地表钻孔）	PVC 管、磁环、分层沉降仪、测斜仪及水准仪
6	围岩内部位移（洞内设点）	洞内钻孔安装单点、多点杆或钢丝式位移计
7	围岩压力与两层支护间	各种类型压力盒
8	衬砌混凝土应力	钢筋应力传感器、应变计、频率仪
9	钢拱架内力	钢筋应力传感器、频率仪

序号	监测项目	方法和工具
10	二衬混凝土内钢筋内力	钢筋应力传感器、频率仪
11	锚杆轴力及拉拔力	钢筋应力传感器、应变片、应变计、频率仪
12	地下水位	水位管、水位计
13	孔隙水压力	水压计、频率仪
14	前方岩体性态	弹性波、地质雷达
15	爆破震动	测震仪
16	周围建筑物安全监测	水平仪、经纬仪、垂准仪

7.2.3 地铁盾构隧道补充施工监测的主要内容

盾构隧道监测的对象主要是土体介质、隧道结构和周围环境，监测的部位包括地表、土体内、盾构隧道结构以及周围道路、建筑物和地下管线等，监测类型主要是地表和土体深层的沉降和水平位移、地层水土压力和水位变化、建筑物和管线及其基础等的沉降和水平位移、盾构隧道结构内力、外力和变形等，具体见表7.3。

表7.3　　　　　　　　　　地铁盾构隧道施工监测项目一览表

序号	监测对象	监测类型	监测项目	测试元件与仪器
1	隧道结构	结构变形	1 隧道结构内部收敛	收敛计、伸长杆尺
			2 隧道、衬砌环沉降	水准仪
			3 管片接缝张开度	测微计
			4 隧道洞室三维位移	全站仪
		结构外力	1 隧道外测水土压力	孔隙水压计、频率计
			2 轴向力、弯矩	钢筋应力传感器、环向应变仪、频率计
		结构内力	1 螺栓锚固力	钢筋应力传感器、频率计、锚杆轴力计
			2 管片接缝法向接触力	钢筋应力传感器、频率计、锚杆轴力计
2	地层	沉降	1 地表沉降	水准仪
			2 土体沉降	分层沉降仪、频率计
			3 盾构底部土体回弹	深层回弹桩、水准仪
		水平位移	1 地表水平位移	经纬仪
			2 土体深层水平位移	测斜管、测斜仪
		水土压力	1 水土压力(侧、前面)	土压力盒、频率仪
			2 地下水位	水位管、水位计
			3 孔隙水压	渗压计、频率计

序号	监测对象	监测类型	监测项目	测试元件与仪器
3	相临环境、周围建(构)筑物、地下管线、铁道、道路		1 沉降	水准仪
			2 水平位移	经纬仪
			3 倾斜	经纬仪
			4 裂缝	裂缝计

7.3　地铁工程监测点布置要求及监测频率

7.3.1　地铁工程监测点的布设要求

根据地铁工程的安全等级以及相关规范、设计的要求，并结合施工现场实际情况，测点布置应按以下要求进行：

（1）监测点应布置在预测变形和内力的最大部位、影响工程安全的关键部位、工程结构变形缝、伸缩缝及设计特殊要求布点的地方。

（2）围护桩(墙)体内力测点布设原则：一般在支撑的跨中部位、基坑的长短边中点、水土压力或地面超载较大的部位布设测点，基坑深度变化处以及基坑的拐角处宜增加测点。在立面上，宜选择在支撑处或上下两道支撑的中间部位。

（3）支撑轴力测点布设原则：支撑轴力采用轴力计进行监测，测点一般布置在支撑的端部或中部，当支撑长度较大时，也可安设在1/4点处。在受力较大的斜撑和基坑深度变化处宜增设测点。对监测轴力的重要支撑，宜同时监测其两端和中部的沉降和位移。

（4）围护桩(墙)体水平位移监测断面及测点布设原则：基坑安全等级为一级时监测断面不宜大于30m，测点竖向间距0.5m或1.0m。

（5）围护桩(墙)体前后侧土压力测点布设原则：根据围护桩(墙)体的长度和钢支撑的位置进行布设，测点一般布置在基坑长短边的中点。

（6）桩顶位移测点布设原则：基坑长短边中点，基坑每边测点数不宜小于3个。

（7）基坑周围地表沉降测点布设原则：基坑周边距坑边10m范围内沿坑边设2排沉降测点，测点布置范围为基坑周围2倍的开挖深度。

7.3.2　地铁喷锚暗挖法施工监测频率

根据地下《铁道工程施工及验收规范》（GB50299-1999），地下铁道采用喷锚暗挖法施工时变形监测项目和频率见表7.4。

监测项目的选择还要根据围岩类别、开挖断面所处地面环境条件等确定应测或选测，必要时可适当调整。

表 7.4　　　　　　　　　　　地铁喷锚暗挖法形监测项目和频率

类别	量测项目	测点布置	监测频率
应测项目	围岩及支护状态	每一开挖环	开挖后立即进行
	地表、地面建筑、地下管线及构筑物变化	每 10~50m 一个断面，每断面 7~11 个测点	开挖面距量测断面前后<2B 时 1~2 次/d；开挖面距量测断面前后<5B 时 1 次/2d；开挖面距量测断面前后>5B 时 1 次/周
	拱顶下沉	每 5~30m 一个断面，每断面 1~3 个测点	开挖面距量测断面前后<2B 时 1~2 次/d；开挖面距量测断面前后<5B 时 1 次/2d；开挖面距量测断面前后>5B时 1 次/周
	周边净空收敛位移	每 5~100m 一个断面，每断面 2~3 个测点	开挖面距量测断面前后<2B 时 1~2 次/d；开挖面距量测断面前后<5B 时 1 次/2d；开挖面距量测断面前后>5B 时 1 次/周
	岩体爆破地面质点振动速度和噪声	质点振速根据结构要求设点，噪声根据规定的测距设置	随爆破及时进行
选测项目	围岩内部位移	取代表性地段设一断面，每断面 2~3 孔	开挖面距量测断面前后<2B 时 1~2 次/d；开挖面距量测断面前后<5B 时 1 次/2d；开挖面距量测断面前后>5B 时 1 次/周
	围岩压力及支护间应力	每代表性地段设一断面，每断面 15~20 个测点	开挖面距量测断面前后<2B 时 1~2 次/d；开挖面距量测断面前后<5B 时 1 次/2d；开挖面距量测断面前后>5B 时 1 次/周
	钢筋格栅拱架内力及外力	每 10~30 榀钢拱架设一对测力计	开挖面距量测断面前后<2B 时 1~2 次/d；开挖面距量测断面前后<5B 时 1 次/2d；开挖面距量测断面前后>5B时 1 次/周
	初期支护、二衬内应力及表面应力	每代表性地段设一断面，每断面 11 个测点	开挖面距量测断面前后<2B 时 1~2 次/d；开挖面距量测断面前后<5B 时 1 次/2d；开挖面距量测断面前后>5B时 1 次/周
	锚杆内力、抗拔力及表面应力	必要时进行	开挖面距量测断面前后<2B 时 1~2 次/d；开挖面距量测断面前后<5B 时 1 次/2d；开挖面距量测断面前后>5B 时 1 次/周

注：1. B 为隧道开挖跨度；

2. 地质描述包括工程地质和水文地质。

7.3.3 地铁盾构掘进法施工监测频率

盾构掘进施工中，地层除了受到盾尾卸载的扰动外，还受到盾构对前方土体的挤压（或卸载），因此，周围地层出现不同程度应力变动，特别是地质条件差时，更会引起地面甚至衬砌环结构本身的隆起或沉陷，不仅造成结构渗漏水，甚至危及地面建筑物的安全。根据地下铁道工程施工及验收规范（GB50299—1999），地下铁道采用盾构掘进法施工时变形监测项目和频率见表7.5。

表7.5　　　　　　　　　　地铁盾构掘进法施工监测项目和频率

类别	量测项目	测点布置	量测频率
必测项目	地表隆陷	每30m设一断面，必要时需加密	开挖面距量测断面前后<20m时1~2次/d；开挖面距量测断面前后<50m时1次/2d；开挖面距量测断面前后>50m时1次/周
	隧道隆陷	每5~10m设一个断面	开挖面距量测断面前后<20m时1~2次/d；开挖面距量测断面前后<50m时1次/2d；开挖面距量测断面前后>50m时1次/周
选测项目	土体内部位移（垂直和水平）	每30m设一断面	开挖面距量测断面前后<20m时1~2次/d；开挖面距量测断面前后<50m时1次/2d；开挖面距量测断面前后>50m时1次/周
	衬砌环内力和变形	每50~100m设一断面	开挖面距量测断面前后<20m时1~2次/d；开挖面距量测断面前后<50m时1次/2d；开挖面距量测断面前后>50m时1次/周
	土层压应力	每一代表性地段设一断面	开挖面距量测断面前后<20m时1~2次/d；开挖面距量测断面前后<50m时1次/2d；开挖面距量测断面前后>50m时1次/周

7.4　地铁工程变形监测的方法

7.4.1　基坑围护监测

1. 围护桩（墙）顶沉降及水平位移监测

（1）测点埋设。监测点通常布设在基坑周围冠梁顶部，植入顶部带中心标记的凸形监测标志，露出冠梁砼面2 cm，并用红漆标注，作为监测点，供沉降和水平位移监测共用，两者也可分别布设。

132

（2）监测方法。桩顶沉降监测主要采用二等精密水准测量。基准点根据地质情况及维护结构不同设置的位置也稍有不同，一般要设在距基坑开挖深度 5 倍距离以外的稳定地方。

桩顶水平位移监测通常使用测角精度高于 1″的全站仪，常用的主要有坐标法、视准线法、控制线偏离法、测小角法及前方交会法等，目的是通过监测点位置坐标的变化来确定某测点的位移量。

如控制线偏离法是在基坑围护结构的直角位置上布设监测基准点，在两基准点的连线方向上布置监测点。在垂直于连线方向上测量并计算出各点与连线方向的偏差值，向外为正，向内为负，作为初始值。监测开展后各期的实测值与初始值比较，即可得出冠梁上各监测点的实际水平位移。

2. 基坑围护桩(墙)挠曲监测

（1）监测目的。主要目的是通过测量围护桩(墙)的深层挠曲来判断围护结构的侧向变形情况。基坑围护桩(墙)挠曲变形的主要原因是基坑开挖后，基坑内外的水土压力要依靠围护桩(墙)和支撑体系来重新平衡，围护桩(墙)在基坑外侧水土压力作用下将产生变形。

（2）监测仪器。基坑围护桩(墙)挠曲监测的主要仪器是测斜装置，测斜装置包括测斜仪、测斜管和数字式测读仪。

（3）监测方法。沿基坑围护结构主体长边方向每 20~30m，短边中部的围护桩桩身内埋设与测斜仪配套的测斜管，测斜管内有两对互成 90°的导向滑槽。测斜管拼装时，应注意导槽对接，埋设时，将测斜管两端封闭并牢固绑扎在钢筋笼背土面一侧，同钢筋笼一同放入成孔内，灌注混凝土。测斜管长应为桩长加冠梁高，并露出冠梁 10 cm。注意，在钢筋笼放入孔内砼浇注前，一定要调整好测斜管的方向，测斜管下部和上部保护盖要封好，以防止异物进入。

将测斜仪的导向轮放入测斜管导槽中，沿导槽缓慢下滑至管底时开始测读，按 0.5m 或 1m 的间隔(导线上标有刻度)测读一次，缓慢提升测斜仪，直至测斜管顶，测定测斜仪与垂直线之间的倾角变化，即可得出不同深度部位的水平位移。观测时使用带导轮的测斜探头，将测斜管分成 n 个测段，每个测段长为 L_i，在某一深度位置上测得两对导轮之间的倾角 θ_i，通过计算可得到这一区段的变化 Δ_i，计算公式为

$$\Delta_i = L_i \sin\theta_i \tag{7.1}$$

某一深度的水平变位值 δ_i 可通过区段变位 Δ_i 累计得出。设初次测量的变位结果为 $\delta_i^{(0)}$，则在进行第 j 次测量时，所得的某一深度上相对前一次测量时的位移值 Δx_i，即为

$$\Delta x_i = \delta_i^{(j)} - \delta_i^{(j-1)} \tag{7.2}$$

相对初次测量时总的位移值 s 为

$$s = \delta_i^{(j)} - \delta_i^{(0)} \tag{7.3}$$

3. 围护桩(墙)内力监测

（1）监测目的。主要目的是通过监测基坑围护桩(墙)内受力钢筋的应力或应变，从而计算基坑围护桩(墙)的内部应力。

（2）监测仪器。钢筋应力一般通过钢筋应力传感器(简称钢筋计)来测定。目前工程上

应用较多的钢筋计有钢弦式和电阻应变式两种，接收仪器分别使用频率仪和电阻应变仪。

（3）监测方法。采用钢筋混凝土材料砌筑的围护结构，其围护桩内力监测方法通常是埋设钢筋计。钢弦式钢筋计通常与构件受力主筋轴心串联焊接，由频率计算的是钢筋的应力值。电阻式应变计是与主筋平行绑扎或点焊在箍筋上，应变仪测得是混凝土内部该点的应变。

钢筋计在安装时应注意尽可能使其处于不受力的状态，特别是不应使其处于受弯状态下。然后将导线逐段捆扎在邻近的钢筋上，引到地面的测试盒中。支护结构浇筑混凝土后，检查电路电阻值和绝缘情况，做好引出线和测试盒中的保护措施。

钢筋计应在钢筋笼的迎土面和背土面对称安置，高度通常应在第二道钢支撑的位置。钢筋应变仪尽可能和测斜管埋设在同一个桩上。在开挖基坑前应有 2~3 次应力传感器的稳定测量值，作为计算应力变化的初始值，然后依照设计的监测频率进行数据采集、处理、备案并进行汇总分析。

4. 钢支撑结构水平轴力监测

（1）监测目的。主要目的是为了监测水平支撑结构的轴向压力，掌握其设计轴力与实际受力情况的差异，防止围护体的失稳破坏。

（2）监测仪器。水平支撑轴力监测常用仪器有轴力计和表面应变计。钢支撑结构目前常用的是钢管支撑和 H 形钢支撑结构。

（3）监测方法。水平支撑轴力监测通常采用轴力计在端部直接量测支撑轴力，或采用表面应变计间接测量和计算支撑轴力。根据钢支撑的设计预加力选择轴力计的型号，安装前要记录轴力计的编号和相对应的初始值，轴力计安放在钢支撑端部活接头与钢围檩之间，安装时注意轴力计与活接头的接触面要垂直密贴，在加载到设计预加力后马上记录轴力计的数值，依照设计要求进行监测。

5. 锚索（杆）轴力及拉拔力监测

（1）监测目的。主要目的是掌握锚索（杆）实际工作状态，监测锚索（杆）预应力的形成和变化，掌握锚杆的施工质量是否达到了设计的要求。同时了解锚索（杆）轴力及其分布状态，再配合以岩体内位移的量测结果，就可以较为准确地设计锚杆长度和根数，还可以掌握岩体内应力重新分布的过程。

（2）监测仪器。主要监测工具包括锚杆拉拔仪和锚杆测力计。锚杆轴力计主要有机械式、应力式和电阻应变式等几种形式。

（3）监测方法。锚杆拉拔力监测是破坏性检测，是采用锚杆拉拔仪拉拔待测锚杆，通过测力计监测拉力。具体过程如下：

①观测锚杆张拉前，将测力计安装在孔口垫板上，使用带专用传力板的传力计，先将传力板装在孔口垫板上，使测力计或传力板与孔轴垂直，偏斜应小于 0.5°，偏心应不大于 5mm；

②安装张拉机具和锚具，同时对测力计的位置进行校验，合格后开始预紧和张拉；

③观测锚杆应在与其有影响的其他工作位置进行张拉加荷，张拉程序一般应与工作锚杆的张拉程序相同，有特殊需要时，可另行设计张拉程序；

④测力计安装就位后，加荷张拉前，应准确测得应力初始值和环境温度；反复测读，

三次数据差小于 1%(F.s)，取其平均值作为观测初始值；

⑤初始值确定之后，分级加荷张拉观测，一般每次加荷测读一次，最后一级荷载进行稳定观测，以 5 分钟测一次，连续三次，读数差小于 1%(F.s) 为稳定。张拉荷载稳定后，应及时测读锁定荷载。张拉结束之后，根据荷载变化速率确定观测时间间隔，进行锁定之后的稳定观测。

7.4.2　土体介质监测

1. 地表沉降监测

(1)监测目的。地表沉降监测主要目的是监测基坑及隧道施工引起的地表沉降情况。

(2)监测仪器。地表沉降监测使用的仪器主要是精密水准仪、精密水准尺等。

(3)监测方法。根据监测对象性质、允许沉降值、沉降速率、仪器设备等因素综合分析，确定监测精度，目前主要使用二等精密水准测量方法。根据基准点的高程，按照监测方案规定的监测频率，用精密水准仪测量并计算每次观测的监测点高程。水准路线通常选择闭合水准路线，对高差闭合差应进行平差处理。目前大部分使用精密电子水准仪，仪器自带的软件可进行观测结果的数据提取和平差计算。

(4)基准点埋设要求。在远离地表沉降区域沿地铁隧道方向布设沉降监测基准点，通常要求不少于 3 个，基准点应在沉降监测开始前埋设，待其稳定后开始首期联测，在整个沉降观测过程中要求定期联测，检查其是否有沉降，以保证沉降监测结果的正确性。水准基点的埋设要求受外界影响小、不易扰动或受振动影响、通视良好。基准点的规格要求见第 3 章。

(5)监测点埋设要求。对地表沉降的监测需布设纵剖面监测点和横剖面监测点。纵剖面(即掘进轴线方向)监测点的布设通常需要保证盾构顶部始终有监测点在监测，所以点间距应小于盾构长度，通常为 3~5m。横剖面(即垂直于掘进轴线方向)监测点从中心向两侧按 2~5m 间距布设，布设范围为盾构外径的 2~3 倍，横断面间距为 20~30m。横断面监测点主要用来监测盾构施工引起的横向沉降槽的变化。

地表沉降监测点如图 7.1 所示，通常用钻机在地表打入监测点，使钢筋与土体结为整体。为避免车辆对测点的破坏，打入的钢筋要低于路面 5~10cm，并于测点外侧设置保护管，且上面覆盖盖板保护测点，如图 7.2 所示。

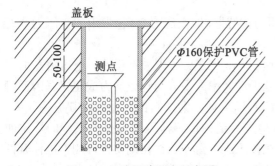

图 7.1　地表沉降测点示意图

图 7.2　地表沉降监测标志

2. 基底回弹监测

(1)监测目的。基坑回弹监测也叫做基坑底部隆起监测，其目的是通过监测基坑底部土体隆起回弹情况，判断基坑内外土体压力差和基坑稳定性。

(2)监测仪器。基底回弹监测常用的仪器包括回弹监测标和深层沉降标。深层沉降标监测装置分两部分：一是埋入地下的部分，由沉降导管、底盖、沉降磁环组成，通过钻孔埋设在土层中；二是地面接收仪，即钢尺沉降仪，由探头、测量电缆、接收系统和绕线盘等组成。

(3)监测方法。首先钻孔至基底设计标高以下200mm，钻孔时，将回弹监测标旋入钻杆下端的螺旋，并将回弹标底部压入孔底土中，然后旋开钻杆，使其与回弹标脱离，提升钻杆后放入辅助测杆，再使用精密水准仪测定露于地表外的辅助钻杆顶部标高，然后取出辅助测杆，向其中填入500mm的白灰，然后用素土回填，等基坑开挖至设计标高后再进行观测，以确定基底回弹量，通常在浇筑基础筏板之前再观测一次。

3. 土体分层沉降及水平位移监测

(1)监测目的。土体分层沉降及水平位移监测的目的是监测基坑围护结构周围不同深度处土层内监测点的沉降和水平位移情况，从而判断基坑周边土体稳定性。

(1)监测仪器。土体分层沉降及水平位移监测的仪器包括分层沉降仪、测斜仪及杆式多点位移计。

(2)监测方法。土体分层沉降监测装置包括导管、磁环和分层沉降仪，首先钻孔并埋设导管，钻孔深度应大于基坑底的标高。在整个导管外按固定间距(1~2m)布设磁环，然后测定导管不同深度处磁环的初始标高值，初始值为基坑开挖之前连续三次测量无明显差异读数的平均值。监测过程中将每次测定各磁环的标高与初始值比较，即可确定各个位置的沉降量。

土体深层水平位移监测装置包括测斜管、测斜仪等。首先钻孔，并将测斜管封好底盖后逐节组装放入钻孔内，直到放到预定的标高为止，测斜管必须与周围土体紧密相连。然后将测斜管与钻孔之间空隙回填，测量测斜管导槽方位、管口坐标及高程并记录。监测过程中将每次测定的位移值与初始值比较即可确定位移量。

4. 土压力监测

(1)监测目的。土压力监测是为了监测围护结构、底板及周围土体界面上的受力情况，同时判断基坑的稳定性。

(2)监测仪器。土压力监测通常采用土压力传感器(即土压力盒)，常用的土压力盒有电阻式和钢弦式两种。

(3)监测方法。土压力盒埋设方式有挂布法、弹入法及钻孔法等几种。土压力盒的工作原理是：土压力使钢弦应力发生变化，钢弦振动频率的平方与钢弦应力成正比，因而钢弦的自振频率发生变化，利用钢弦频率仪中的激励装置使钢弦起振，并接收其振荡频率，根据受力前后钢弦振动频率的变化，并通过预先标定的传感器压力与振动频率的标定曲线，就可换算出所测定的土压力值。车站明挖段土压力盒安装在初期支护外侧，土体开挖后利用钢筋支架将土压力盒贴壁固定在待测位置，直接喷射支护层混凝土即可。

5. 孔隙水压力监测

（1）监测目的。孔隙水压力监测的目的是通过监测饱和软黏土受载后产生的孔隙水压力的增高或降低，从而判断基坑周边的土体运动状态。

（2）监测仪器。孔隙水压力监测的设备是孔隙水压力计及相应的接收仪。孔隙水压力计分为钢弦式、电阻式和气动式三种类型。钢弦式、电阻式孔隙水压力与同类型土压力盒的工作原理类似，只是金属壳体外部有透水石，测得的只有孔隙水压力，而把土颗粒的压力挡在透水石之外。气动式孔隙水压力探头工作原理是：加大探头内的气压，使之与土层孔隙水压力平衡，通过监测所需平衡气压的大小来确定上层孔隙水压力的量值。

（3）监测方法。孔隙水压力计的埋设方法有钻孔埋设法和压入法两种。孔隙水压力探头通常采用钻孔埋设，钻孔后先在孔底填入部分干净的砂，然后将探头放入，再在探头周围填砂，最后采用膨胀性黏土或干燥黏土将钻孔上部封好，使得探头测得的是该标高土层的孔隙水压力。埋设孔隙水压力探头的技术关键首先是保证探头周围填砂渗水顺畅，其次是阻止钻孔上部水向下渗流。

7.4.3 周围环境监测

1. 邻近建筑物变形监测

地铁施工邻近建筑物变形监测主要包括建筑物沉降监测、倾斜监测和裂缝监测等，具体方法在第 6 章中有详细叙述，在此不再详述。

（1）邻近建筑物沉降监测。建筑物的沉降监测采用精密水准仪按二等水准的精度进行量测，具体方法见第 6 章。沉降监测时应充分考虑施工的影响，避免在空压机、搅拌机等振动影响范围之内设站观测。观测时标尺成像清晰，避免视线穿过玻璃、烟雾和热源上空。建筑物沉降测点应布置在墙角、柱身上（特别是代表独立基础及条形基础差异沉降的柱身），测点间距的确定要尽可能反映建筑物各部分的不均匀沉降。如图 7.3 和图 7.4 所示，对沉降观测点的埋设，若建筑物是砌体或钢筋混凝土结构，可布设墙（柱）上沉降监测点；若建筑物是钢结构，则可直接将测点标志焊接在建筑物的相应位置即可。

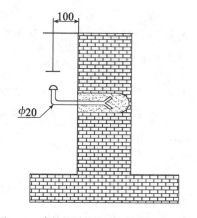

图 7.3 建筑物墙上沉降监测标志示意图

图 7.4 建筑物墙上沉降监测标志

（2）邻近建筑物倾斜监测。测定建筑物倾斜的方法有两类，一类是直接测定建筑物的倾斜，另一类是间接通过测量建筑物基础的相对沉降来换算建筑物的倾斜，后者是把整个建筑物当成一个刚体来看待的。

（3）邻近建筑物裂缝监测。首先了解建筑物的设计、施工、使用情况及沉降观测资料以及工程施工对建筑物可能造成的影响；记录建筑物已有裂缝的分布位置和数量，测定其走向、长度、宽度及深度；分析裂缝的形成原因，判别裂缝的发展趋势，选择主要裂缝作为观测对象。

2. 地下水位监测

（1）监测目的。地下水位监测就是为了预报由于地铁基坑及隧道施工引起地下水位不正常下降而导致的地层沉陷，避免安全事故的发生。

（2）监测仪器。地下水位监测的主要仪器为电测水位计、PVC 塑料管。

（3）监测方法。水位观测孔的埋设包括钻机成孔、井管加工、井管放置、回填砾料、洗井等内容。电测水位计的工作原理是：水为导体，当测头接触到地下水时，报警器发出报警信号，此时读取与测头连接的标尺刻度，此读数为水位与固定测点的垂直距离，再通过固定测点的标高及与地面的相对位置换算成从地面算起的水位标高。

3. 地下管线监测

（1）监测目的。地下管线监测主要是掌握地铁施工对沿线地下管线的影响情况。

（2）监测仪器。地下管线的监测内容包括垂直沉降和水平位移两部分。

（3）监测方法。首先应对管线状况进行充分调查，包括管线埋置深度和埋设年代、管线种类、电压、管线接头形式、管线走向及与基坑的相对位置、管线的基础形式、地基处理情况、管线所处场地的工程地质情况、管线所在道路的地面交通状况。然后采用如下几种监测方法：管线位移采用全站仪极坐标测量的方法，量测管线测点的水平位移；管线沉降采用精密水准仪按二等水准测量的方法，测量管线测点的垂直位移，测量时应注意使用的基点应布置在施工影响范围以外稳定的地面上；管线裂缝使用裂缝观测仪对裂缝进行观测。

管线通常都在城市道路下，不可能采用直接埋设的方式在管顶埋设测点，于是可采用在管线外露部分设直接测点，其余通过从地面钻孔，埋入至管顶的钢筋的方式埋设测点。埋入管顶的钢筋与管顶接触的部分用砂浆粘合，并用钢管将钢筋套住，以使钢筋在随管线变形时不受相邻土层的影响。套筒式布点如图 7.5 所示。

7.4.4　隧道变形监测

为了及时了解隧道周边围岩的变化情况，在隧道施工过程中要进行隧道周边位移量的监测，主要包括断面收敛监测、拱顶下沉监测、底板隆起监测等。

1. 断面收敛监测

（1）监测目的。断面净空收敛监测主要是为了掌握隧道施工过程中断面上的尺寸变化情况，进而掌握隧道整体变形情况。

（2）监测仪器。断面净空收敛监测主要采用收敛计进行，收敛计如图 7.6 所示。

（3）监测方法。量测时，在量测收敛断面上设置两个固定标点，而后把收敛计两端与

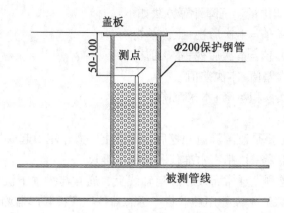

图 7.5　地下管线套筒式监测点示意图

之相连，即可正确地测出两标点间的距离及其变化，每次连续重复测读三次读数，取得平均值作为本次读数。收敛计的量测原理是用机械的方法监测两测点间的相对位移，将其转换为百分表的两次读数差值。用弹簧秤给钢卷尺以恒定的张力；同时也牵动与钢卷尺相连的滑动管，通过其上的量程杆，推动百分表芯杆，使百分表产生读数，不同时刻所测得的百分表读数差值，即为两点间的相对位移数据。

断面收敛监测点与拱顶下沉测点布置在同一断面上，每断面布设 2~3 条测线，埋设时保持水平。将圆钢弯成等边三角形，然后将一条边双面焊接于螺纹钢上，最后焊到安装好的格栅上，初喷后钩子露出砼面，用油漆做好标记，作为洞内收敛的监测点。如图 7.7 所示。

图 7.6　收敛计

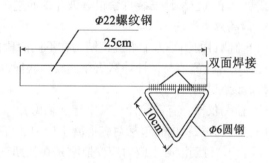

图 7.7　洞内收敛测点预埋件布设图

2. 拱顶下沉监测

(1)监测目的。主要目的是掌握隧道顶板在上部空间土体重力作用下引起的沉降。

(2)监测仪器。拱顶下沉监测主要采用精密水准仪和精密水准尺。

(3)监测方法。采用精密水准仪按二等水准测量的方法，将经过校核的挂钩钢尺悬挂在拱顶测点上，测量拱顶测点的垂直位移。一般一个隧洞采用一个独立的高程系统，基准点不少于两个，一个用做日常监测，一个用做不定期校核。通过对监测点相对于基点位移变化测定拱顶位移的变化量。沉降计算方法如下：

上次相对基准点差值＝上次后视−上次前视

本次相对基准点差值＝本次后视−本次前视

本次沉降值＝上次差值−本次差值

累积沉降值＝上次累积沉降＋本次沉降

3. 底板隆起监测

（1）监测目的：主要是监测隧道开挖后在周围土压力作用引起底板的隆起变形。

（2）监测仪器：主要采用精密水准仪和精密水准尺。

（3）监测方法：监测点通常布设在隧道轴线上，通常与拱顶下沉监测点对应布设，为了防止监测点被破坏，通常需要用护盖将点标志盖住。底板隆起监测水准基点可与拱顶下沉监测基准点共用，方法也和拱顶沉降监测类似，用精密水准测量的方法测定基准点和监测点间的高差变化，以确定隆起量。底板隆起监测通常是和断面收敛监测、拱顶沉降监测同时进行的，即可根据观测结果判断断面收敛情况。

4. 围岩内部位移监测

（1）监测目的。围岩内部位移监测的目的是测量隧道内部监测点位移，从而分析隧道松弛范围，掌握隧道的稳定状态。

（2）监测仪器。围岩内部位移监测的仪器主要有单点位移计和多点位移计等。位移计的原理及使用方法见第 2 章。

（3）监测方法。将位移计的端部固定于钻孔底部的一根锚杆上，位移计安装在钻孔中，锚杆体可用钢筋制作，锚固端用楔子与钻孔壁楔紧，自由端装有测头，可自由伸缩，测头平整光滑。定位器固定于钻孔口的外壳上，测量时将测环插入定位器，测环和定位器都有刻痕，插入测量时将两者的刻痕对准，测环上安装有百分表、千分表或深度测微计以测取读数。单点位移计安装可紧跟爆破开挖面进行。

5. 结构内力监测

（1）监测目的：是为了解隧道结构在不同阶段的实际受力状态和变化情况，主要目的是通过将实际监测值与设计计算值相比较，验证设计方案的合理性，从而达到优化设计参数、改进设计理论的目的。

（2）监测仪器：有钢筋计、频率计和轴力计等。

（3）监测方法：内容包括衬砌混凝土应力、应变、钢拱架内力、二次衬砌内钢筋内力监测等内容。衬砌混凝土应力应变监测是在初期支护或二次衬砌混凝土内相关位置埋入应力计或应变计，直接测得该处混凝土内部的内力；应力应变计安装时应注意尽可能使其处于不受力状态，特别是不应使其处于受弯状态。

7.5 地铁工程变形监测资料及报告

7.5.1 监测资料的整理

监测资料的整理工作包括如下内容：

（1）监测资料主要包括监测方案、监测数据、监测日记、监测报表、监测报告、监测工作联系单、监测会议纪要。

（2）采用专用的表格记录数据，保留原始资料，并按要求进行签字、计算、复核。

（3）根据不同原理的仪器和不同的采集方法，采取相应的检查和鉴定手段，包括严格遵守操作规程、定期检查维护监测系统。

（4）误差产生的原因及检验方法：误差产生主要有系统误差、过失误差、偶然误差等，对量测产生的各种误差采用对比检测验、统计检验等方法进行检验。

如表 7.6 为某地铁监测项目地表沉降监测数据表。图 7.8 为沉降监测曲线。

表 7.6　　　××市地铁 1 号线盾构施工监测××站（区间）地表沉降监测周报表

测点编号	初始测量值（m）	上期累计变形（mm）	本期各次累计变形（mm）							本期阶段变形（mm）	本期累计变形（mm）	平均变形速率（mm/d）	沉降速率控制值（mm/d）	
			5.31	6.01	6.02	6.03	6.04	6.05	6.06				平均速率	最大速率
DB02-01	10.63517	2.17	2.17	2.14	2.14	2.05	2.05	2.25	2.25	0.08	2.25	0.01	1	3
DB02-02	10.63541	−8.55	−8.55	−8.68	−8.68	−8.87	−8.87	−8.66	−8.66	−0.11	−8.66	−0.02	1	3
DB02-03	10.58147	2.02	2.02	2.02	2.02	2.02	2.02	2.02	2.02	0.00	2.02	0.00	1	3
DB02-04	10.61789	0.84	0.84	0.84	0.84	0.84	0.84	0.84	0.84	0.00	0.84	0.00	1	3
DB02-05	10.64013	1.00	1.00	1.00	1.00	1.00	1.00	1.00	1.00	0.00	1.00	0.00	1	3
DB02-06	10.76866	−9.21	−9.21	−9.21	−9.21	−9.21	−9.21	−9.21	−9.21	0.00	−9.21	0.00	1	3
DB02-07	11.06154	−0.96	−0.99	−1.06	−1.06	−0.98	−0.98	−1.27	−1.27	0.00	−0.96	0.00	1	3
DB03-01	11.00324	0.08	0.08	−0.07	−0.07	−0.36	−0.36	−0.09	−0.09	−0.17	−0.09	−0.02	1	3
DB03-02	10.90341	−9.98	−9.98	−10.14	−10.14	−10.54	−10.54	−10.13	−10.13	−0.15	−10.13	−0.02	1	3
DB03-03	10.86748	−4.16	−4.38	−4.45	−4.27	−4.55	−4.80	−4.80	−4.80	−0.64	−4.80	−0.09	1	3

监测日期:2011.5.31—2011.6.6　　　仪器名称:Trimble DiNi03 电子水准仪　　　检定日期:　年　月　日

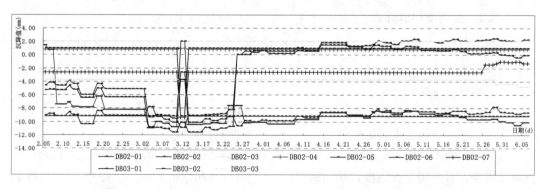

图 7.8　××市地铁 1 号线施工监测××站（区间）地表沉降监测曲线

表 7.7 为某地铁监测项目隧道收敛监测数据表。图 7.9 为收敛监测曲线。

表 7.7 ××市地铁 1 号线施工监测××区间隧道收敛监测周报表

测点编号	初始测量值 (m)	上期累计变形 (mm)	本期各次累计变形（mm）							本期阶段变形 (mm)	本期累计变形 (mm)	平均变形速率 (mm/d)
			5.31	6.01	6.02	6.03	6.04	6.05	6.06			
Ⅶ-1	3.88309	4.54	4.54	4.54	4.54	4.54	4.54	4.54	4.54	0.00	4.54	0.00
Ⅷ-1	3.90117	-3.07	-2.67	-2.67	-2.67	-2.67	-2.67	-2.67	-2.67	0.41	-2.67	0.06
Ⅸ-1	3.90782	-72.62	-71.67	-71.67	-71.67	-71.67	-71.67	-71.67	-71.67	0.95	-71.67	0.14
Ⅹ	3.95358	-30.49	-31.07	-31.02	-31.09	-31.09	-31.09	-31.09	-31.09	-0.61	-31.09	-0.09
Ⅺ	3.90989	-13.10	-13.47	-13.52	-13.34	-13.34	-13.10	-13.10	-13.10	0.00	-13.10	0.00
Ⅻ-1	3.94080	-0.78	-1.36	-1.08	-0.78	-0.78	-1.36	-1.36	-1.36	-0.58	-1.36	-0.08
KJK14C	3.79285	-53.62	-54.81	-54.72	-53.79	-53.79	-54.52	-54.11	-54.11	-0.49	-54.11	-0.07
KJK15C	3.70416	-10.05	-12.18	-11.65	-11.65	-11.65	-11.65	-11.65	-11.65	-1.60	-11.65	-0.23
XIII	3.98711	-28.92	-57.14	-52.38	-49.10	-49.10	-50.53	-50.53	-50.53	-21.61	-50.53	-3.09
XIV	3.95080	-19.23	-21.04	-19.37	-21.05	-21.05	-21.44	-21.01	-21.01	-1.78	-21.01	-0.25
KJK16C	3.69915	-2.66	-3.18	-4.17	-3.47	-3.47	-3.30	-3.83	-3.83	-1.18	-3.83	-0.17
KJK17C	3.95047	-1.22	-0.64	-0.64	-0.58	-0.58	-0.47	-1.17	-1.17	0.05	-1.17	0.01

监测日期：2011.5.31—2011.6.6　　仪器名称：Trimble DiNi03 电子水准仪　　检定日期：

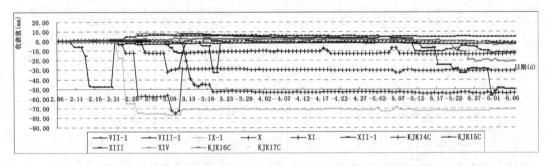

图 7.9　××市地铁 1 号线施工监测××区间隧道收敛监测曲线

7.5.2 监测资料的分析

监测结果的分析处理是指对监测数据及时进行处理和反馈，预测基坑及支护结构状态的稳定性，提出施工工序的调整意见，确保工程的顺利施工。监测工作应分阶段、分工序对量测结果进行总结和分析。

(1) 数据处理：将原始的数据通过科学、合理的方法，用频率分布的形式把数据分布情况显示出来，进行数据的数值特征计算，舍掉离群数据。

(2) 曲线拟合：根据各监测项选用对应的反映数据变化规律和趋势的函数表达式，进行曲线拟合，对现场量测数据及时绘制对应的位移-时间曲线或图表，当位移-时间曲线趋于平缓时，进行数据处理或回归分析，以推算最终位移量和掌握位移变化规律。

（3）通过监测数据分析，掌握围岩、结构受力的变化规律，确认和修正有关设计参数。

表 7.8 为××地铁 6 号线××站基坑围护桩变形监测数据表，右侧为水平位移曲线。

表 7.8 　　　　　××地铁 6 号线××站基坑围护桩变形监测数据

桩号：Z5　　　　　桩长：20m　　　　监测日期：2009 年 5 月 20 日

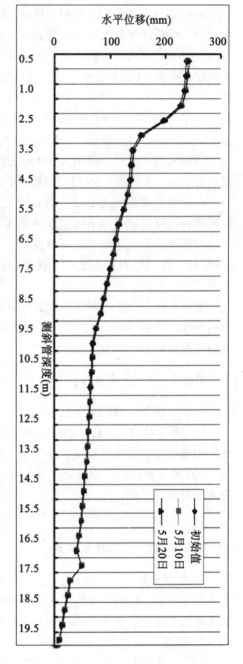

××基坑支护桩测斜仪观测成果表

深度（m）	初始值（mm）	观测值（mm） 5月10日	观测值（mm） 5月20日	变形值（mm）	累计值（mm） 5月10日	累计值（mm） 5月20日
0.5	237.67	240.53	242.21	1.68	2.86	4.54
1.0	235.42	238.51	240.17	1.66	3.09	4.75
1.0	233.15	235.95	237.51	1.56	2.80	4.36
2.0	225.49	228.16	229.84	1.68	2.67	4.35
2.5	195.36	197.95	199.57	1.62	2.59	4.21
3.0	154.87	157.16	158.82	1.66	2.29	3.95
3.5	139.12	141.32	142.96	1.64	2.20	3.84
4.0	136.06	138.29	139.92	1.63	2.23	3.86
4.5	134.68	136.71	138.35	1.64	2.03	3.67
5.0	129.74	131.73	133.25	1.52	1.99	3.51
5.5	122.37	124.19	125.63	1.44	1.82	3.26
6.0	113.52	115.41	116.80	1.39	1.89	3.28
6.5	108.38	110.09	111.43	1.34	1.71	3.05
7.0	104.29	105.90	107.18	1.28	1.61	2.89
7.5	98.68	99.96	101.25	1.29	1.28	2.57
8.0	93.15	94.57	95.80	1.23	1.42	2.65
8.5	87.16	88.35	89.51	1.16	1.19	2.35
9.0	81.54	82.71	83.90	1.19	1.17	2.36
9.5	73.06	74.33	75.47	1.14	1.27	2.41
10.0	67.52	68.77	69.80	1.03	1.25	2.28
10.5	66.95	68.17	69.16	0.99	1.22	2.21
11.0	65.45	66.82	67.77	0.95	1.37	2.32
11.5	63.54	64.83	65.72	0.89	1.29	2.18
12.0	62.54	63.53	64.45	0.92	0.99	1.91
12.5	61.02	62.17	63.05	0.88	1.15	2.03
13.0	59.68	60.84	61.63	0.79	1.16	1.95
13.5	58.62	59.56	60.31	0.75	0.94	1.69
14.0	56.52	57.46	58.17	0.71	0.94	1.65
14.5	53.57	54.31	54.95	0.64	0.74	1.38
15.0	51.52	52.44	52.98	0.54	0.92	1.46
15.5	48.65	49.63	50.19	0.56	0.98	1.54
16.0	46.68	47.53	48.02	0.49	0.85	1.34
16.5	43.52	44.28	44.70	0.42	0.76	1.18
17.0	38.54	39.05	39.52	0.47	0.51	0.98
17.5	48.00	48.85	49.23	0.38	0.85	1.23
18.0	27.36	28.18	28.50	0.32	0.82	1.14
18.5	22.85	23.74	23.93	0.19	0.89	1.08
19.0	17.47	18.37	18.62	0.25	0.90	1.15
19.5	13.32	14.22	14.35	0.13	0.90	1.03
20.0	8.34	9.14	9.23	0.09	0.80	0.89

注：位移值表示向基坑内倾斜。

143

7.6 地铁工程变形监测实例

7.6.1 工程概况

工程名称：××地铁 2 号线第九标段监测项目。

本标段包含一个车站和一个区间，即青年公园站和青年公园站至工业展览馆站区间。青年公园站位于青年大街与滨河路交叉路口处，车站跨交叉路口设置，主体位于青年大街道路正下方，呈南北走向。车站计算站台中心里程为 K11+028，路口西北角为供电公司用电监察大队的 13 层办公楼和院内地面停车场；东北角为 5~27 层的银基国际商务中心及凯宾斯基大酒店；路口东南和西南角为沿河绿地和公共公园，紧邻南运河。

青年公园站至工业展览馆站区间包括盾构区间、联络通道及进、出口洞门。起点里程为 K11+130.4，终点里程为 K12+253.1，区间长度 1122.7m。区间隧道为单洞单线圆形断面，盾构法施工，线间距最大为 15m，线间距最小为 12m。线路纵向呈"人"字形坡，最大纵坡为 5‰。区间设一个联络通道，里程为右 K11+680。

本合同段高程变化平缓，地表最大高差 3.59m。本区横跨两个地貌单元，第四系浑河高漫滩及古河道地貌和第四系浑河底漫滩地貌。

根据设计及现场调查的资料显示，青年公园站主体结构主要位于青年湖一角，周围建筑物较远。1 号风井距离北侧的建筑物距离为 20m，根据现有资料，初步调查无较大管线影响。

青年公园站至工业展览馆站暗挖区间段 K11+130.4~K11+700 在青年公园范围内，建筑物很少，K11+700~K12+253.1 两侧建筑物大部分在沉降影响范围内，此段房屋沉降及倾斜监测任务量比较大。

7.6.2 监测的主要任务

本项目施工监测的主要任务包括：

(1)通过对地表变形、围护结构变形、隧道开挖后侧壁围岩内力的监测，掌握围岩与支护的动态信息并及时反馈，指导施工作业和确保施工安全。

(2)经量测数据的分析处理与必要的计算和判断后，进行预测和反馈，以保证施工安全和地层及支护的稳定。

(3)对量测结果进行分析，可应用到其他类似工程中，作为指导施工的依据。

7.6.3 监测的项目及仪器

1. 监测项目

为确保施工期间的结构及建筑物的稳定和安全，结合该段地形地质条件、支护类型、施工方法等特点，确定监测项目和使用的监测仪器。监测项目见表 7.9、表 7.10。

2. 监测仪器

(1)从可靠性、坚固性、通用性、经济性、测量原理和方法、精度和量程等方面综合考虑选择监测仪器。

（2）监测仪器和元件在使用前进行检定和调试。

（3）施工监测仪器见表7.11。

表7.9　　　　　　　　　　青年公园站施工监测表

序号	监测项目	监测方法与仪表	检测范围	测点间距	测试精度	测量时间间隔（天）				预警数值	备注
						1~7	7~15	15~30	>30		
1*	基坑观察	现场观察	基坑外围	随时进行	1mm	12小时	1天	2天	3天	20mm	
2*	基坑周围地表沉降	精密水准铟钢尺	周围一倍开挖深度	长、短边中点且间距<50m	1mm	12小时	1天	2天	3天	20mm	
3*	桩顶位移	全站仪	桩顶冠梁	长、短边中点且间距<50m	2mm	12小时	1天	2天	3天	20mm	
4*	桩体变形	测斜管测斜仪	桩体全高	长、短边中点竖向间距2m	5mm	12小时	1天	2天	3天		基坑深度变化处增加
5	地下水位	水位管水位仪	基坑周边	基坑四角点、长短边中点	10mm	12小时	1天	2天	3天		降水单位负责
6	桩内钢筋应力应变	钢筋计应变仪	桩体全高	长、短边中点竖向间距2m	<1/100（F.s）	12小时	1天	2天	3天		基坑深度变化处增加
7*	支撑轴力	轴力计应变仪	支撑端部或中部	长、短边中点且间距<50m	<1/100（F.s）	12小时	1天	2天	3天	75%F（轴）	基坑深度变化处增加
8	土压力	土压力盒	迎土侧和背土侧	长、短边中点竖向间距5m	1mm	12小时	1天	2天	3天		
9*	房屋沉降及倾斜	经纬仪精密水准	基坑周边建筑物	随时进行		12小时	1天	2天	3天	19mm	

注：标有 * 为必测项目，其余为选测项目。

表7.10　　　　　　　　青年公园站至工业展览馆站区间隧道现场监测项目

序号	测量项目	方法及工具	测点间距	量测频率（距开挖、模筑后的时间）			控制值	警戒值
				1~15天	16~30天	31~90天		
1	地质观察	观察、描述	每个施工周期	开挖支护后立即进行				
2	洞周收敛	收敛计	拱顶及洞周收敛测点每隔5~10m一组	2次/天	1次/2天	2次/周	20mm	14mm

序号	测量项目	方法及工具	测点间距	量测频率（距开挖、模筑后的时间）			控制值	警戒值
				1~15天	16~30天	31~90天		
3	拱顶下沉	精密水准仪、水准尺、钢尺	每隔5~10m一组	2次/天	1次/2天	2次/周	30mm	21mm
4	地表沉降	精密水准仪	每隔5~10m一组	2次/天	1次/2天	2次/周	30mm	21mm
5	底部隆起	精密水准仪、水准尺、钢尺	每隔5~10m一组	2次/天	1次/2天	2次/周	20mm	12mm
6	地下水位	水位仪	纵向间距30m	1次/天	1次/周	1次/月		
7	周边建筑物、管线沉降	水准仪、铟钢尺	建筑物四角、管线接头	2次/天	1次/2天	2次/周	20mm	14mm
8	周边建筑物、管线裂缝	裂缝观察仪	建筑物四角、管线接头	2次/天	1次/2天	2次/周	不出现裂缝	不出现裂缝
9	周边建筑物、管线倾斜	经纬仪、水准仪、觇牌、铟钢尺	建筑物四角、管线接头	2次/天	1次/2天	2次/周		

表 7.11　　　　　　　　　　　　　施工监测仪器汇总表

仪器名称	规格型号	单位	数量
全站仪	Leica402	台	1
精密水准仪	LeicaDNA03	台	1
铟钢尺	2m	个	2
频率接收仪	SS-2	台	1
钢弦应变计		个	20
测斜仪		台	1
游标卡尺	0~150mm	个	1
土压力计		个	30
收敛计		个	1
水压力计		个	50

7.6.4　监测数据处理与应用

量测数据分析与反馈，用于修正设计支护参数及指导施工、调整施工措施等。

146

1. 量测数据散点图和曲线

现场量测数据处理，即及时绘制位移-时间曲线(或散点图)，一般选用这两种方法中的任意一种。位移(u)-时间(t)关系曲线的时间横坐标下应注明施工工序和开挖工作面距离量测断面的距离。

将现场量测数据绘制成位移-时间关系曲线(或散点图)和空间关系曲线。

(1)当位移-时间关系趋于平缓时，进行数据处理和回归分析，以推算最终位移和掌握位移变化规律；

(2)当位移-时间关系曲线出现反弯点时，则表明地层和支护已呈不稳定状态，此时应密切监视地层动态，并加强支护，必要时应立即暂停开挖，采取停工加固并进行支护处理。

(3)根据位移-时间曲线的形态来判断地层稳定性的标准岩体变形曲线分三个区段，围岩岩体蠕变曲线见图 7.10。

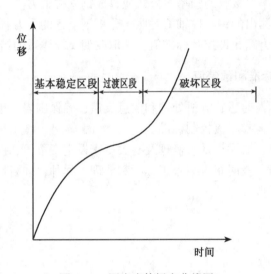

图 7.10 围岩岩体蠕变曲线图

①基本稳定区段：主要标志是变形速率不断下降，即 $du_2/dt_2 < 0$，为一次蠕变区，表示地层趋于稳定，其支护结构是安全的；

②过渡区段：变形速率较长时间保持不变，即 $du_2/dt_2 = 0$，为二次蠕变区，应发出警告，及时调整施工程序，加强支护系统的刚度和强度；

③破坏区段：变形速率逐渐增加，即 $du_2/dt_2 > 0$，为三次蠕变区，曲线出现反弯点，表示地层已达到危险状态，必须立即停工加固。

地层稳定性判别标准比较复杂，在评定地层稳定程度时，根据工程的具体情况，采用上述三种标准综合分析反馈于设计及施工应用。

2. 地质预报

(1)对照地质勘察报告，对施工过程中可能遇到的突涌水点、地下水的水量大小及含泥量等不良地质进行预报，提出应急措施和处理建议。

（2）根据地层的稳定状态，对可能发生的坍方、地层滑动、突泥涌水等不稳定地层进行预报，提出应急措施和处理建议。

（3）根据地层稳定状态，检验和修正围岩类别。

（4）根据修正的围岩分类，检验初步的设计支护参数是否合理，如不合理予以修正。

（5）根据地质预报，结合对已作初衬实际工作状态的评价，预先确定下一循环的支护参数和施工措施。

（6）配合监测工作进行测试位置的选取和量测成果的分析与反馈应用于修改设计和指导施工。

3. 沉降与水平位移数据分析

对量测数据进行整理，按照第9章中所述的方法，绘制沉降-时间曲线和水平位移-时间曲线，根据曲线表现的形态进行分析判断，提出相应措施。

4. 钢支撑轴力数据分析与反馈

（1）将采用接收频率仪接收的频率按公式换算成钢支撑轴力。

（2）将设计轴力与测出的钢支撑轴力对照，分析钢支撑的受力状态。

（3）如果钢支撑轴力超允许控制标准值，采取改变支撑体系的措施确保施工安全。

7.6.5 监测控制标准和预警值

施工中监测的数据及时进行分析处理和信息反馈，确保围岩、围护结构、地面建筑物的稳定和安全，工程的监控量测控制标准。

根据施工具体情况，会同设计、监理及有关专家设定变形值、内力值及变化速率警戒值，当发现异常情况时，及时报告主管工程师和监理工程师，并将情况通报给业主和有关部门，共同研究控制措施。

◎ 习题与思考题

1. 地铁基坑监测包括哪些内容？

2. 地铁工程土体介质监测包括哪些内容？

3. 地铁工程周围环境监测包括哪些内容？

4. 地铁隧道工程监测包括哪些内容？

第8章 水利工程变形监测

【教学目标】

学习本章，要了解水利工程变形监测基础知识，掌握水利变形监测的目的与意义、特点及分类；掌握水利工程变形监测的主要内容、监测方法、监测精度及监测周期等要求，了解水利工程变形监测技术的发展情况。

8.1 水利工程变形监测概述

水利工程变形监测主要是指大坝和近坝区岩体变形监测以及水库库岸的稳定性监测，对于超大型水库，还应考虑库区地形的形变监测，用以监测水库诱发地震。水利工程变形监测的主要内容有水平位移、垂直位移、倾斜、挠度、应力应变及按缝（裂缝）监测等。与其他测量工作相比，水利工程变形监测的特点是：观测对象是水利设施的变形量，精度要求高；需多次重复观测，并要综合应用各种观测方法，要求进行严密的数据处理，且需要多学科的配合。本章的重点是各种水利工程的监测方法和对所得到的变形监测资料成果的分析和处理方法，具体包括数据处理、几何分析、物理解释等，要求学生掌握大坝、坝基和堤防工程的监测方法以及对各种监测资料的处理方法。

8.1.1 水利工程大坝和坝基安全监测设计的目的

大坝安全监测有校核设计、改进施工和评价大坝安全状况的作用，且重在评价大坝安全。大坝安全监测的浅层意义是为了人们准确掌握大坝性态；深层意义则是为了更好地发挥工程效益、节约工程投资。大坝安全监测不仅是为了被监测坝的安全评估，还要有利于其他大坝包括待建坝的安全评估。具体来说，大坝安全监测设计的主要目的是保障建筑物安全运用；充分发挥工程的效益；检验设计、提高水平；改进施工、加快进度。

8.1.2 水利工程大坝和坝基安全监测设计的要求

水利大坝和坝基安全监测设计前，首先要了解监测的原理和方法，熟悉工程设计的资料了解要监测的主要内容。《土石坝安全监测技术规范》（SL60—1994）规定：大坝安全监测范围包括坝体、坝基、坝肩，以及对大坝安全有重大影响的近坝区岸坡和其他与大坝安全有直接关系的建筑物和设备。关系大坝安全的因素存在的范围大、包括的内容多，如泄洪设备及电源的可靠性、梯级水库的运行及大坝安全状况、下游冲刷及上游淤积、周边范围内大的施工（特别是地下施工爆破）等。大坝安全监测的范围应根据坝址、枢纽布置、坝高、库容、投资及失事后果等进行确定，根据具体情况由坝体、坝基推广到库区及梯级水库大坝，大坝安全监测的时间应从设计时开始直至运行管理，大坝安全监测的内容不仅是坝体结构及地质状况，还应包括辅助机电设备及泄洪消能建筑物等。

大坝安全监测是针对具体大坝的具体时期做出的，一定要有鲜明的针对性。第一，时间上的针对性。由于大坝施工期、初次蓄水期和大坝老化期是大坝安全最容易出现问题的时期，因此在前一个阶段监测的重点应是设计参数的复核和施工质量的检验，而后者则应针对材料老化和设计复核进行。第二，空间结构上的针对性。针对具体的坝址、坝型和结构，有针对性地加强监测，如针对面板堆石坝的面板与趾板之间的防渗、碾压混凝土坝的层间结构、库岸高边坡的稳定等。另外，还需要选择先进的监测方法和设施，并充分考虑必要的经济性和合理性。

8.1.3 水利工程大坝和坝基安全监测的精度规定

水利工程变形监测的限差要求应严格参照相应的国家规范标准。表8.1为混凝土坝变形监测的精度要求。土石坝安全监测的精度要求见《土石坝安全监测技术规范》（SL60—1994）。

表 8.1　　　　　　　　　　　　　混凝土坝变形监测的精度要求

项　　目				位移量中误差限值
水平位移 （mm）	坝顶	重力坝、支墩坝		±1.0
		拱坝	径向	±2.0
			切向	±1.0
	坝基	重力坝、支墩坝		±0.3
		拱坝	径向	±0.3
			切向	±0.3
坝体、坝基垂直位移 （mm）		坝顶		±1.0
		坝基		±0.3
倾斜 （″）		坝体		±5.0
		坝基		±1.0
坝体表面接缝和裂缝 （mm）				±0.2
近坝区岩体和高边坡		水平位移 （mm）		±2.0
		垂直位移 （mm）		±2.0

项　　目		位移量中误差限值
滑坡体	水平位移 （mm）	±3.0（岩质边坡）
	垂直位移 （mm）	±3.0
	裂缝 （mm）	±1.0

8.2　水利工程变形监测内容与方法

大坝安全监测主要包括大坝位移变形监测、坝体接缝及裂缝监测、渗流量监测、环境量监测、大坝自动化系统监测，分别对大坝水平位移、垂直位移、裂缝、渗漏、扬压力、上下游水位等进行自动化监测，并配合人工比测校核，数据自动化系统对大坝的在线控制、离线分析、安全管理、数据管理、预测预报、工程文档资料测值及图像管理、报表制作、图形制作等日常大坝安全测控和管理的全部内容进行收集整理、智能分析，获得反映大坝工作形态的有关信息，提供给各级管理部门进行安全评估，以便采取有效措施，确保大坝安全。

大坝安全监测的方法主要有巡视检查和仪器监测两种。巡视检查应从施工期到运行期，各级大坝均须进行巡视检查，巡视检查中如发现大坝有损伤、附近岸坡有滑移崩塌征兆或其他异常迹象，应立即上报，并分析其原因。仪器监测的方法有多种，对于水平位移监测来说，常用的监测方法主要有引张线法、视准线法、激光准直法、交会法、测斜仪与位移计法、卫星定位法和导线法等；垂直位移的监测方法主要有精密水准法、三角高程法、沉降仪法、沉降板法和多点位移计等方法；挠度监测的常用方法主要有正垂线和倒垂线监测法；裂缝的监测主要利用测微器和测缝计进行；应力、应变的监测主要是利用测压管和测压计进行；渗流的监测除了采用测压管和测压计以外还可采用传感器法。对于水库库岸稳定监测，监测的对象主要有地面绝对位移、地面相对位移、钻孔深部位移、应力、水环境、地震、人类相关活动的监测等。

8.2.1　水平位移监测

水平位移变形量的正负号应遵守以下规定：水平位移：向下游为正，向左岸为正，反之为负；船闸闸墙的水平位移：向闸室中心为正，反之为负。

1. 监测网的布设

（1）观测断面。

①土石坝（含堆土坝）。土石坝的观测横断面应布置在大坝最高处、原河床处、合龙段、地形突变处、地质条件复杂处、坝内埋管或运行可能发生异常反应处，点位一般应不

少于2~3个。观测纵断面在坝顶的上游或下游侧布设1~2个，在上游坝坡正常蓄水位以下可视需要设临时断面，下游坝坡布设2~5个。内部断面一般布设在最大断面及其他特征断面处，可视需要布设1~3个，每个断面可布设1~3条观测垂线，各观测垂线应尽量形成纵向观测断面。

②混凝土坝（含支墩坝、砌石坝）。混凝土坝的观测纵断面通常与坝轴线平行，且在坝顶及坝基廊道内设置，当坝体较高时，可在中间适当增加1~2个观测纵断面。内部断面一般布设在最大最大坝高坝段或地质和结构复杂坝段，可视坝长情况布设1~3个断面，应将坝体和地基作为一个整体进行布设。另外，在拱坝的拱冠和拱端一般也应布设断面，必要时，也可在1/4拱处布设。

③近坝区岩体及滑坡体。在靠两坝肩附近的近坝区岩体处，应垂直坝轴线方向各布设1~2个观测横断面；在滑坡体顺滑移方向，应布设1~3个观测断面，包括主滑线断面及其两侧特征断面。必要时，可大致按网格法布置。

（2）观测点。一般情况，应分别在坝顶及坝基处各布设一排标点，在高混凝土坝中间高程廊道内和高土石坝的下游马道上，也应适当布设垂直位移观测标点。另外，对混凝土坝每个坝段相应高程各布设一点。另外，对混凝土坝每个坝段相应高程各布设一点；对于土石坝沿坝轴线方向至少布设4~5点，在重要部位可适当增加；对于拱坝在坝顶及基础廊道每隔30~50m布设一点，其中在拱冠、1/4拱及两岸拱座应布设标点，近坝区岩体的标点间距一般为0.1~0.3km。

按埋设位置的不同，位移标点可设计成以下几种结构形式：

①综合标。如图8.1和图8.2所示，是将水平和垂直位移标点结合起来，多用于坝面。

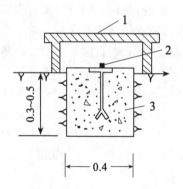

1—盖板；2—标点；3—混凝土

图8.1 岩石上的工作基点（单位：m）

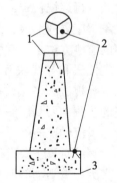

1—强制对中盘；2—垂直位移标点；3—基座

图8.2 综合标

②混凝土标。如图8.3所示，适用于坝顶、廊道及其他混凝土建筑物，也可用于基岩。

③钢管标。如图8.4所示，适用于当基础部位浇注的混凝土较厚时，用来观测地基岩石的位移。

④墙上标。如图8.5所示，多用于净空较矮的廊道内，不便竖立3m长的水准尺时，

可在廊道墙上埋设墙上标，用特制的微型水准尺进行观测，该尺也可用于外表面的标点观测。

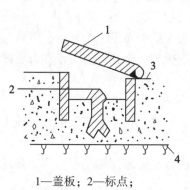

1—盖板；2—标点；
3—廊道底板；4—基岩

图 8.3　混凝土标

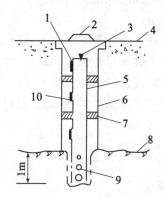

1—电缆；2—盖板；3—标点；4—廊道底板；
5—内管；6—外管；7—橡皮阀；8—基岩；
9—排浆机；10—电阻温度计

图 8.4　钢管标

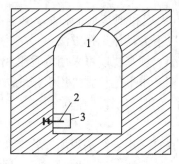

1—坝体；2—标点；3—保护箱

图 8.5　墙上标

　　水利工程变形监测中，对不同的监测对象，各类监测点的布设方法和选择位置各不相同。

　　（3）工作基点。位移监测的工作基点应建在稳定区域。

　　①土石坝。在两岸设一纵排标点的延长线上各布设一个工作基点。当坝轴线为折线或坝长超过 500m 时，可在坝身每一个纵排标点中部增设工作基点兼作标点，工作基点的间距取决于采用的测量仪器。

　　②混凝土坝。可将工作基点布设在两岸山体的岩洞内或位移测线延长线的稳定岩体上。

　　③近坝区岩体及滑坡体。选择距观测标点较近的稳定岩体建立工作基点。

　　（4）变形监测标点。建筑物（或构筑物）上各类测点应和建筑物（或构筑物）牢固结合，以便更加准确地代表建筑物的变形情况。建筑物（或构筑物）外部的各类测点，应埋设在

153

新鲜的或微风化基岩上，以确保测点稳固可靠，能代表该处岩体变形。

①土石坝。在每个横断面和纵断面交点等处布设位移标点，一般每个横断面不少于3个。位移标点的纵向间距，当坝长小于300m时，一般取30~50m；当坝长大于300m时，一般取50~100m。

②混凝土坝。在观测纵断面上的每个坝段、每个垛墙或每个闸墩布设一个标点，对于重要工程也可在伸缩缝两侧各布设一个标点。

③近坝区岩体及滑坡体。在近坝区岩体每个断面上至少布设3个标点，重点布设在靠坝肩下游。在滑坡体每个观测面上的位移标点一般不少于3个，重点布设在滑坡体后缘起至正常蓄水位之间。

(5)校核基点。

①土石坝。一般仍采用延长方向线法，即在两岸同排工作基点连线的延长线上各布设1~2个校核基点。

②混凝土坝。校核基点可布设在两岸灌浆廊道内，也可采用倒垂线作为校核基点，此时，校核基点与倒垂线的观测墩宜合二为一。

③近坝区岩体及滑坡体。可将工作基点和校核基点组成边角网或交会法进行观测。有条件时，也可设置倒垂线。

2. 监测方法

(1)监测方法的选择。水利大坝和坝基水平和垂直位移常用的监测方法见表8.2，表中未列出的部位可参照布设。以下为具体选择方法：

①坝体挠度宜采用垂线观测。坝基挠度可采用倒垂组或其他适宜方法观测。

②重力坝或支墩坝坝体和坝基水平位移宜采用引张线法观测。必要时，可采用真空激光准直法。若坝体较短、条件有利，坝体水平位移可采用视准线法或大气激光准直法观测。

③拱坝坝体和坝基水平位移宜采用导线法观测。若交会边长较短、交会角较好，坝体水平位移可采用测边或测角交会法观测。有条件时，可采用视准线法观测。

④拱坝和高重力坝近坝区岩体水平位移，应布设边角网(包括三角网、测边网)观测，个别点可采用倒垂线或其他适宜方法观测。

在综合应用以上这些监测方法时，应注意以下几点：

①准直线和导线的两端点、交会法的工作基点应尽量设置倒垂线作为基准。引张线、导线、真空激光准直的两端点也可设在两岸山体的平洞内。视准线可在两端延长线外设基准点，交会法工作基点可用边角网校核。

②重力坝或支墩坝如坝体较长，需分段设引张线时，分段端点应设倒垂线作为基准。当地质条件较差，对倒垂锚点的稳定性有怀疑时，可采用连续引张线法进行校核。

③坝基范围内的重要断裂或软弱夹层，应布置倒垂组或多点位移计监测其变形。

④观测高边坡或滑坡体的水平位移时，基准点和工作基点应尽量组成边角网。测点可用视准线和交会法观测。深层位移可采用倒垂组、多点位移计、挠度计或测斜仪等进行观测。

表 8.2　　　　　　　　　　　　水利大坝和坝基安全常用的监测方法

部　位	方　法	说　明
重力坝	引张线 视准线 激光准直	一般坝体、坝基均适用 坝体较短时用 包括大气和真空激光，坝体延长时可用真空激光
拱坝	视准线 导线 交会法	重要测点用 一般均适用 交会边较短，交会角较好时用
土石坝	视准线 大气激光 卫星定位 测斜仪或位移计 交会法	坝体较短时用 有条件时用，可布设管道 坝体较长时用(GPS法，下同) 测内部分层及界面位移用 同拱坝
近坝区岩体	一等或二等精密水准 三角高程	观测表面、山洞内及地基回弹位移 观测表面位移
高边坡及滑坡体	二等精密水准 二角高程 卫星定位	观测表面及山洞内位移 可配合光电测距仪使用或用全站仪 范围大时用(即GPS)
内部及深层	沉降板 沉降仪 多点位移计 变形计	固定式、观测地基和分层位移 活动式或固定式，可测分层位移 固定式，可测各种方向及深层位移 观测浅层位移
高程传递	垂线 铟钢带尺 光电测距仪 竖直传高仪	一般均适用 一般需利用竖井 要用旋转镜和反射镜 可实现自动化测量，但维护比较困难

(2)常用观测方法的实施。

①准直线。引张线观测可采用读数显微镜、两线仪、两用仪或放大镜，也可采用遥测引张线仪。严禁单纯使用目视直接读数。每一测次，应观测两测回，两测回观测值之差：当使用读数显微镜时，不得超过 0.15mm；当使用两用仪、两线仪或放大镜时，不得超过 0.3mm。

视准线应用采用视准仪或 J1 型经纬仪进行观测。每一测次，应观测两测回，两测回观测值之差：采用活动觇标法时，不得超过 1.5mm；采用小角度法时，不得超过 3″。视准线法的观测限差见表 8.3。

表8.3　　　　　　　　　　　　　　　视准线观测限差

方　　式	正镜或倒镜两次读数差	两测回观测值之差
活动觇牌法	2.0mm	1.5mm
小角法	4.0″	3.0″

用大气激光准直法每一测次，应观测两测回，两测回测得偏离值之差不得大于1.5mm。用真空激光准直每一测次，应观测一测回，两个半测回测得偏离值之差不得大于0.3mm。

②边角网、交会法、导线法。水平角应以J1型经纬仪观测，边角网测角中误差不得大于0.7″，交会法测角中误差不得大于1.0″。边长用精度约为1/500000的电磁波测距仪直接测量。

8.2.2　垂直位移监测

测量规程规定：在进行垂直位移监测时，垂直位移下沉为正，上升为负。

1. 监测点的设置

根据实际情况设计水准基点结构时，可采用以下几种形式：

(1)土基标。如图8.6所示，土基标由标志和底盘组成，在标柱的顶部用不锈钢或玛瑙制成水准标志，并在底盘正北方向安装一个水准标志的副点以作校核。底盘应埋设于最大冻土深度以下0.5m以上。

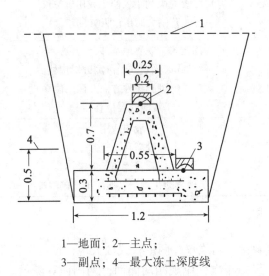

1—地面；2—主点；
3—副点；4—最大冻土深度线

图8.6　土基中的水准标石(单位：m)

1—混凝土盖板；2—副点；3—主点；
4—混凝土；5—新鲜岩石

图8.7　地表岩石标

(2)岩石标。如图8.7所示，适用于岩石覆盖层较薄的地表岩石标，也可用于混凝土表面。

(3)深埋钢管标。如岩石覆盖层较厚，为了使水准基点埋设于新鲜岩石上，可设计图8.8所示的深埋钢管标。钢管深入新鲜基岩2cm以下。

（4）双金属管标。在地表覆盖层较厚、全年温度变化幅度较大的地方，为了避免温度变化影响基点高程，可采用图8.9所示的双金属管标。钢管标的高程改正值算式为

$$\Delta = h_1 - h_0 \tag{8.1}$$

式中，h_1为某次观测时两金属管之间的高差（mm）；h_0为首次观测时两金属管之间的高差（mm）。

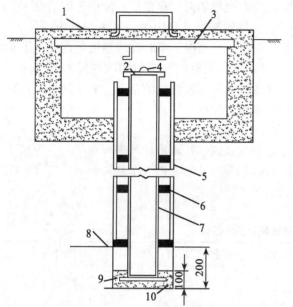

1—钢筋混凝土标盖；2—测温孔；3—钢板标盖；
4—标点；5—钻孔保护管（钢管）；6—橡胶环；
7—心管（钢管）；8—新鲜基岩；9—200#水泥沙浆；
10—心管底板和根络

图8.8 深埋钢管标

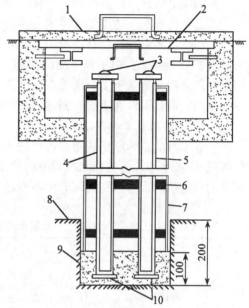

1—钢筋混凝土标盖；2—钢板标盖；3—标点；
4—钢心管；5—铝心管；6—橡胶环；
7—钻孔保护管；8—新鲜基岩；
9—200#水泥沙浆；10—心管底板和根络

图8.9 双金属管标（单位：cm）

2. 监测方法的选择

（1）精密水准法。坝体、坝基和近坝区岩体的垂直位移应采用一等水准测量的方法，并应尽量组成水准网。高边坡和滑坡体的垂直位移可采用二等水准测量。一等水准网应尽早建成，并取得基准值。水准基准点一般设在坝下游1~3km处。水准路线上每隔一定距离应埋设水准点。水准点分为基准点（水准原点）、工作基点（坝体、坝基垂直位移观测的起测基点）和测点三种。各种水准点应选用适宜的标石或标志。基准点和工作基点宜采用基岩标、平洞基岩标、双金属标、岩石标、钢管标；坝体上的测点宜采用地面标志、墙上标志、微水准尺标；坝外测点宜采用岩石标、钢管标。基准点应成组设置，每组不得少于三个水准标石。工作基点应设在距坝较近处，一般两岸各设一组，每组不宜少于两个标石。应在基础廊道和坝顶各设一排垂直位移测点，对高坝，还应在中间高程廊道内设一排测点。各排测点的分布，一般每一坝段一个测点。近坝区岩体垂直位移测点的间距，在距

157

坝较近处一般为 0.3~0.5km；距坝较远处可适当放长，一般不超过 1km。为连接坝顶和不同高程的廊道的水准路线，可通过竖井用钢瓦尺作为高程传递。

（2）其他方法。

①连通管法，即流体静力水准法。适用于测量坝体和坝基的垂直位移，应设在水平廊道内。

②真空激光准直法。

采用以上两种方法进行垂直位移检测时，应在大坝的两端布设垂直位移工作基点。

③三角高程法。适用于近坝区岩体的垂直位移观测，在高山区，可采用三角高程法。高边坡和滑坡体的垂直位移也可用三角高程法测定。必要时，可将此法与边角网结合组成"三维网"。近年来，由于光电测距仪和全站仪的应用及对大气折射问题的深入研究，人们对三角高程测量给予了高度重视，已能达到或接近等水准测量的精度。此法测量外业简单、快速，而且可以观测难以到达测点的高程和垂直位移。

3. 常用监测方法的实施

一等水准应以 S05 型或更高等级的水准仪和线条式钢瓦水准标尺进行观测。二等水准也可用 S1 型水准仪。精密水准观测的要求应按《国家水准测量规范》中关于一、二等水准测量的规定执行。水准路线闭合差不得超过表 8.4 的规定。

表 8.4 精密水准路线闭合差之限值

		往返测不符值	符合线路闭合差	环闭合差
一等	坝外环线	$2mm\sqrt{R}$		$1mm\sqrt{F}$
	坝体及坝基垂直位移	$0.3mm\sqrt{n_1}$	$0.2mm\sqrt{n_2}$	$0.2mm\sqrt{n_2}$
二等		$4mm\sqrt{R}$	$4mm\sqrt{F}$	$4mm\sqrt{F}$
		$0.6mm\sqrt{n_1}$	$0.6mm\sqrt{n_2}$	$0.6mm\sqrt{n_2}$

注：R 为测段长度（km）；F 为环线长度或符合线路长度（km）；n_1 为测段站数（单程）；n_2 为环线或符合线路站数。三角高程测量中，天顶距应以 J1 型经纬仪观测。气泡倾斜仪的气泡格值不应大于 5″。

用精密水准法进行倾斜观测，应满足表 8.4 中关于一等水准的限差规定。观测时，必须保证标心和标尺底面清洁无尘。每次观测均由往、返测组成，由往测转为返测时，标尺应该互换。必须固定水准仪设站位置，最好将水准仪装设在观测墩上。当在基础廊道中观测时，应读记至水准仪测微器最小分划的 1/5。在水准测量中，应尽量设置固定测站和固定转点，以提高观测的精度和速度。

当采用三角高程测量方法时，推算高程的边长不应大于 600m。天顶距应以 J1 型经纬仪对向观测 6 测回（宜做到同时对向观测），测回差不得大于 6″；仪器高的量测中误差不得大于 0.1mm。

另外，还可以采用沉降仪法进行垂直位移的监测。

8.2.3 倾斜和裂缝

倾斜监测的符号规定：向下游转动为正，向左岸转动为正；反之为负。

接缝和裂缝开合度的符号规定：张开为正，闭合为负。

1. 倾斜观测

坝体、坝基的倾斜，应采用一等水准观测，也可采用连通管和遥测倾斜仪观测。坝体倾斜还可采用气泡倾斜仪观测。基础附近测点宜设在横向廊道内，也可在下游排水廊道和基础廊道内对应设点。坝体测点与基础测点宜设在同一垂直面上，并应尽量设在垂线所在的坝段内。整个大坝倾斜观测的布置，在基础高程面附近不宜少于3处，在坝顶和高坝中部的高程面不宜少于4处。用精密水准法观测倾斜，两点间距离，在基础附近不宜小于20m；在坝顶不宜小于6m。连通管应设在两端温差较小的部位。气泡倾斜仪宜用于坝体中、上部，其底座长度不宜小于300mm，气泡倾斜仪的气泡格值不应大于5″。

2. 表面接缝和裂缝观测

对表面接缝和裂缝的变化，可选择有代表性的部位埋设单向或三向机械测缝标点或遥测仪器进行观测。单向机械测缝标点和三向弯板式测缝标点的观测，通常直接用游标卡尺或千分卡尺量测；单向机械测缝标点也可用固定百分表或千分表量测。平面三点式测缝标点宜用专用游标卡尺量测。机械测缝标点每测次均应进行两次量测，两次观测值之差不得大于0.2mm。用气泡倾斜仪观测时，每测次均应将倾斜仪重复置放在底座上3次，并分别读数。读数互差不得大于5″。平面三点式测缝标点结构如图8.10所示。

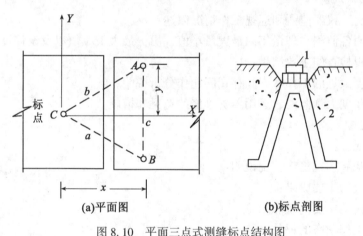

(a)平面图　　　　　　(b)标点剖图

图8.10　平面三点式测缝标点结构图

8.3　水利工程变形监测资料及报告

8.3.1　监测资料及报告的内容

水利工程变形监测报告的内容一般包括：工程概况、巡视检查和仪器监测情况的说明、巡视检查资料、仪器监测资料成果数据表格、各种曲线图、各项分析结果、大坝工作状态的评估及改进意见等。各阶段报告内容如下：

1. 第一次蓄水时

(1)蓄水前的工程情况概述;

(2)仪器监测和巡视工作情况说明;

(3)巡视检查的主要成果;

(4)蓄水前各有关监测物理量测点(如扬压力、渗漏量、坝和地基的变形、地形标高、应力、温度等)的蓄水初始值;

(5)蓄水前施工阶段各监测资料的分析和说明;

(6)根据巡视检查和监测资料的分析,为首次蓄水提供依据。

2. 蓄水到规定高程、竣工验收时

(1)工程概况;

(2)仪器监测和巡视工作情况说明;

(3)巡视检查的主要成果;

(4)该阶段资料分析的主要内容和结论;

(5)蓄水以来,大坝出现问题的部位、时间和性质以及处理效果的说明;

(6)对大坝工作状态的评估;

(7)提出对大坝监测、运行管理及养护维修的改进意见和措施。

3. 运行期每年汛前

(1)工程情况、仪器监测和巡视工作情况简述;

(2)列表说明各监测物理量年内最大最小值、历史最大最小值以及设计计算值;

(3)年内巡视检查的主要结果;

(4)对本年度大坝的工作状态和存在问题作分析说明;

(5)提出下年度大坝监测、运用养护维修的意见和措施。

4. 大坝鉴定时

(1)工程概况;

(2)仪器监测和巡视工作情况说明;

(3)巡视检查的主要成果;

(4)资料分析的主要内容和结论;

(5)对大坝工作状态的评估;

(6)说明建立、应用和修改数学模型的情况和使用的效果;

(7)大坝运行以来,出现问题的部位、性质和发现的时间,处理的情况和其效果;

(8)根据监测资料的分析和巡视检查找出大坝潜在的问题,并提出改善大坝运行管理、养护维修的意见和措施;

(9)根据监测工作中存在的问题,对监测设备、方法、精度及测次等提出改进意见。

5. 大坝出现异常或险情时

(1)工程简述;

(2)对大坝出现异常或险情状况的描述;

(3)根据巡视和监测资料的分析,判断大坝出现异常或险情的可能原因和发展趋势;

(4)提出加强监视的意见;

160

(5)对处理大坝异常或险情的建议。

8.3.2 监测资料分析的内容

观测资料分析的主要内容包括以下 10 个方面：

(1)分析监测物理量随时间或空间而变化的规律。

①根据各物理量的过程曲线，说明该监测量随时间而变化的规律、变化趋势，其趋势有否向不利方向发展。

②同类物理量的分布曲线反映了该监测量随空间而变化的情况，有助于分析大坝有无异常征兆。

(2)统计各物理量的有关特征值。统计各物理量历年的最大和最小值，包括出现时间、变幅、周期、年平均值及年变化趋势等。

(3)判别监测物理量的异常值。

①把观测值与设计计算值相比较；

②把观测值与数学模型预报值相比较；

③把同一物理量的各次观测值相比较，同一测次邻近同类物理量观测值相比较；

④观测值是否在该物理量多年变化范围内。

(4)分析监测物理量变化规律的稳定性。

①历年的效应量与原因量的相关关系是否稳定；

②主要物理量的时效量是否趋于稳定。

(5)应用数学模型分析资料。

①对于监测物理量的分析，一般用统计学模型，也可用确定性模型或混合模型。应用已建立的模型作预报，其允许偏差一般采用 $\pm 2s$ (s 为剩余标准差)；

②分析各分量的变化规律及残差的随机性；

③定期检验已建立的数学模型，必要时予以修正。

(6)分析坝体的整体性。对纵缝和拱坝横缝的开度以及坝体挠度等资料进行分析，判断坝体的整体性。

(7)判断防渗排水设施的效能。

①根据坝基(拱坝拱座)内不同部位或同部位不同时段的渗漏量和扬压力观测资料，结合地质条件分析判断帷幕和排水系统的效能；

②在分析时，应注意渗漏量随库水位的变化而急剧变化的异常情况，还应特别注意渗漏出浑浊水的不正常情况。

(8)校核大坝稳定性。重力坝的坝基实测扬压力超过设计值时，应进行稳定性校核。拱坝拱座出现上述情况时，也应校核稳定性。

(9)分析巡视检查资料。应结合巡视检查记录和报告所反映的情况进行上述各项分析。

(10)评估大坝的工作。根据以上的分析判断，按上述有关规定，对大坝工作状态作出评估。

8.4 水利工程监测实例

8.4.1 工程概况

××水利枢纽位于××省××市××县境内，大坝坝型为混凝土重力坝，坝轴线总长995.4m，坝顶高程466m，最大坝高114m。该工程是××干流开发中唯一的控制性工程，以防洪、灌溉及城乡供水为主，兼顾发电、航运，并具有拦沙减淤等效益的综合利用工程。枢纽正常蓄水位458m，相应库容34.68亿m^3，防洪高水位458m，非常运用洪水位461.3m，灌溉农田316.85万亩，电站装机1100MW，通航建筑物为500t级。根据《水利水电工程等级划分及洪水标准》确定，本工程等级为Ⅰ等，工程规模为大(1)型。其主要建筑物拦河大坝、泄水建筑物、左岸灌溉渠首进水塔及渠首引水隧洞为1级；垂直升船机上闸首是枢纽中挡水建筑物，其级别亦为1级；电站厂房为2级；右岸灌溉渠首进水塔及引水隧洞为3级；导流等其他次要建筑物为3级；参照《船闸水工建筑物设计规范》，通航建筑物承重塔柱下闸首为3级、导航与靠船等建筑物为4级。大圆包崩滑体级别为3级。

8.4.2 监测仪器布置

亭子口水利枢纽大坝共分50个坝段，安全监测工程将监测部位划分为两个层次：重点监测部位和一般监测部位。重点监测部位是建筑物结构具有较强代表性或基础条件复杂、对于建筑物安全起决定性作用的敏感部位。重点部位观测项目齐全，仪器布置相对集中，对重要的效应量采取多种方法平行进行监测。一般监测部位是重要部位的延伸和补充，遵循少而精的原则布置监测仪器。亭子口水利枢纽大坝安全监测重点监测坝段：厂房坝段(17#坝段、20#坝段)、底孔24#坝段、表孔坝段(28#坝段、31#坝段)、垂直升船机37#坝段；一般监测坝段：左岸非溢流坝段16#坝段、右非38#坝段和纵向围堰36#坝段。监测项目有：变形监测、渗流监测、应力应变监测、水力学监测等，所采用的监测仪器有：多点位移计，基岩变形计，测缝计，应变计，无应力计，温度计，钢筋计，渗压计，脉动压力传感器，正、倒垂线，引张线，静力水准等。

1. 变形监测仪器布置

根据大坝结构形式、地质条件及施工工艺，结合主坝稳定分析与应力计算成果，大坝变形监测主要包括水平位移、垂直位移、挠度、坝基深层剪切和沉降变形监测等。

大坝及其基础的水平位移是在水平位移监测网的整体联系控制下，采用正、倒垂线，引张线进行监测，其中，垂线也是坝体挠度的监测设施；垂直位移是在垂直位移监测网的整体联系控制下，采用双金属标、精密水准点、静力水准进行监测；坝基深层剪切和沉降变形采用测斜管、基岩变形计和多点位移计进行监测。

(1)水平位移。

①正垂线和倒垂线。根据大坝结构布置和变形监测的需要，大坝399.2m高程以下共布置5条倒垂线和3条正垂线。这些垂线既作为大坝水平位移监测的工作基点，也兼作大

坝挠度变形监测设施。具体布置如下：在 16#、17#、20#、31#坝段各布置 1 条倒垂线，20#、31#坝段各布置 1 条正垂线，正、倒垂线观测站分别设在对应的 16#、17#、20#、31##坝段基础廊道内，共计 4 个观测站。倒垂线在基岩内钻孔深度为 40~50m，正垂线长度在 47m 左右。

②引张线。在大坝 17#~36#坝段第二基础廊道上游壁布置 1 条引张线，共 18 个测点。

(2)垂直位移。大坝垂直位移监测采用双金属标、精密水准点和静力水准相结合的方法。双金属标作为坝体基准点，静力水准测点与精密水准点对应布置相互校核。具体布置如下：

①双金属标。为监测大坝建筑物及其基础的垂直位移，在 20#、31#坝段的 EL399.2m 廊道、基础廊道观测房内各布置 1 套双金属标，共 4 套。基础廊道 2 套双金属标也作为坝体垂直位移工作基点。

②静力水准。在 17#~36#坝段上、下游基础廊道和 31#坝段横向廊道各布置 1 条静力水准，共计 3 条静力水准测线、42 个静力水准测点、标定装置 3 套。

③精密水准点。在 17#~36#坝段上游基础廊道每个坝段各布置精密水准点 1 个，共计 20 个；下游基础廊道 17#、20#、24#、28#、31#、34#坝段各布置精密水准点 1 个，共计 6 个；1#~16#坝段基础廊道每个坝段各布置精密水准点 1 个，共计 16 个。目前坝体基础廊道共计布置精密水准点 42 个。

(3)坝基深层剪切和沉降变形。为监测大坝基岩深层剪切和沉降变形，在 17#、20#、24#、28#、31#坝段第三廊道布置测斜孔 5 个，每孔深 32.0m；在 16#、17#、20#、24#坝段基础各布置多点位移计、基岩变形计 2 组(套)，28#、31#坝段基础各布置多点位移计 1 组、基岩变形计 2 套。以上共计测斜孔 5 个、多点位移计 10 组、基岩变形计 12 套。

2. 渗流监测仪器布置

(1)坝基扬压力及坝体渗透压力。

①坝基扬压力监测。坝基扬压力的大小和分布，对于大坝抗滑稳定性影响很大。根据挡水建筑物结构特点、工程地质与水文地质条件和渗控工程措施，采取上、下游帷幕灌浆廊道布置测压管，坝基内布置渗压计(随施工进度埋设)的方式。监测手段采用钻孔式测压管，孔底伸入建基面以下 1.0m。

测压管布置沿坝轴线方向在上、下游基础灌浆廊道内各设一个纵向监测断面。上、下游基础灌浆廊道内的排水幕上每坝段各布置 1 根测压管。另外，在 17#、20#、24#、28#、31#、36#坝段的帷幕前各布置 1 根测压管，用以对比监测帷幕的防渗效果。以上以及消力池各封闭帷幕灌浆廊道共计布置测压管 64 根。

另外，在 17#、20#、24#坝段基础各布置基岩渗压计 3 支，16#、28#、31#坝段基础各布置基岩渗压计 2 支，共计布置渗压计 15 支，以监测坝基扬压力。

②坝体渗透压力监测。为监测坝体水平工作缝的渗压情况，在 20#坝段 361.0m、381.0m 高程各布置渗压计 4 支；在 24#坝段 363.0m、381.0m 高程各布置渗压计 4 支；在 31#坝段 367.0m 布置渗压计 4 支、389.0m 高程布置渗压计 3 支，共计布置渗压计 23 支。

(2)坝基和坝体渗漏量监测。目前暂未布置坝基和坝体渗漏量监测设施。经坝体排水管及裂缝等处的漏水，暂时采用目测。漏水量较大时，设法集中后用容积法量测。

(3)应力应变监测仪器布置。主要对厂房坝段、底孔坝段、表孔坝段和升船机等重点部位进行应力、应变监测。非溢流坝段主要根据需要对基岩面结合部位及混凝土温度等进行监测。监测项目有：坝块分缝及周边缝开合度、砼温度、钢筋应力和混凝土应力监测等。

①温度监测。

a. 坝面温度监测。在17#、20#坝段411.0~361.0m高程每隔10m距上游坝面10cm处布置1支温度计，以观测不同深度的上游坝面温度及蓄水后的水温变化情况。

在28#、31#坝段433.0~413.0m、377.0~357.0m高程每隔10m，413.0~377.0m高程每隔12m距上游坝面10cm处布置1支温度计，以观测不同深度的上游坝面温度及蓄水后的水温变化情况。以上共计布置温度计28支。

b. 坝体温度监测。在17#坝段中心线上411.0m高程以下按10m×10m间距呈立面网格状布置温度计43支；20#坝段411.0m高程以下按10m×10m×10m间距呈立体网格状布置温度计163支；24#坝段中心线及左侧451.0~347.0m高程(底孔除外)按10m×7m×8m间距呈立体面网格状布置温度计124支；28#坝段中心线上433.0m高程以下按10m×10m间距(413.0~377.0m高程每层间距12m)呈立面网格状布置温度计49支；31#坝段中心线上433.0m高程以下按10m×10m间距(413.0~377.0m高程每层间距12m)呈立面网格状布置温度计43支，以监测坝体温度分布情况。以上共计布置温度计422支。

c. 坝基温度监测。在20#、31#坝块建基面的中部各布置1个垂直钻孔，钻孔孔口、1m、3m、5m、10m深处，各埋设1支温度计，以观测基岩温度变化梯度。以上共布置温度计10支。

②接缝监测。接缝监测主要针对大坝基础及周边部位基岩与混凝土接触缝和坝块分缝布置，以了解该部位接缝的开合情况。在17#、20#、24#、28#、31#坝段坝基深槽内各布置测缝计3支；20#坝块左、右及坝尾分缝布置测缝计12支；24#坝块左、右分缝布置测缝计9支；17#、28#、31#坝段左、右及坝尾分缝各坝段布置测缝计9支；左岸陡坡(12#~17#坝段)基础结合面布置测缝计11支。以上共计布置测缝计74支。

③坝体应力应变监测。

a. 20#坝段引水管应力、应变监测。在厂房20#坝段引水钢管下弯段、斜坡段、下弯段和下平段个布置一个监测断面，在每个监测断面上各布置钢筋计8支、钢板计4支、单向应变计4支、无应力计1支。

b. 1#底孔、3#底孔周边应力应变监测。在1#、3#底孔闸门槽前、后和底孔明流段尾部各布置一个监测断面，共计6个监测断面。底孔闸门槽前、后的4个监测断面各布置钢筋计6支、单向应变计6支、无应力计1支；底孔明流段尾部的2个监测断面各布置钢筋计5支、单向应变计5支、无应力计1支。

底孔明流段高程380~389m，桩号X0+028.0~X0+037.0区间结构应力水平较高，为掌握该区间钢筋和混凝土应力分布及变化情况，有针对性地在该部位(1#底孔和3#底孔桩号X0+034.0m)各增布一个监测断面，每个监测断面各布置钢筋计8支、单向应变计4支、无应力计1支。以上共计布置钢筋计50支、单向应变计50支、无应力计8支。

c. 大坝基础应力应变监测。在 17#、20#、24#、28#、31#坝段的重要监测断面上布置大坝基础砼应力、应变监测仪器。每个坝段具体布置如下：

17#、20#坝段距离基岩面 2m(351.0m 高程)中心线上各布置五向应变计 3 组、无应力计 3 支；距离基岩面 17m(366.0m 高程)中心线上各布置五向应变计 2 组、无应力计 2 支；坝尾 355.0m 高程中心线上各布置二向应变计 1 组、无应力计 1 支。

24#坝段上游深槽内 350.0m 高程布置五向应变计 1 组、无应力计 1 支；距离基岩面 1m(353.0m 高程)中心线上布置五向应变计 1 组、无应力计 1 支；距离基岩面 3m(355.0m 高程)中心线上布置五向应变计 2 组、无应力计 2 支。

28#坝段上游深槽内 350.0m 高程布置五向应变计 1 组、无应力计 1 支；距离基岩面 1m(353.0m 高程)中心线上布置五向应变计 1 组、无应力计 1 支；距离基岩面 5m(357.0m 高程)中心线上布置五向应变计 2 组、无应力计 2 支。

31#坝段上游深槽内 350.0m 高程布置五向应变计 1 组、无应力计 1 支；距离基岩面 1m(353.0m 高程)中心线上布置五向应变计 1 组、无应力计 1 支；距离基岩面 5m(357.0m 高程)中心线上布置五向应变计 2 组、无应力计 2 支。距离基岩面 20m(372.0m 高程)中心线上布置五向应变计 2 组、无应力计 2 支。

以上共计布置五向应变计 24 组、二向应变计 2 组、无应力计 26 支。

④观测站布置。大坝 16#上游基础廊道、17#坝段第二基础廊道、20#和 31#坝段上游基础廊道、399.2m 高程廊道、428.0m 高程廊道内各设置 1 个垂线观测房；24#和 28#坝段第二基础廊道、399.2m 高程廊道、428.0m 高程廊道内各设置 1 个内观测站。以上共计布置垂线观测房 8 间、内观测站 6 个。

3. 专项监测设施布置(水力学监测)

水利枢纽泄水建筑物由 9 个表孔和 5 个深孔组成，根据国内外经验，水电工程的安全问题，有相当一部分与泄水建筑物的水力条件有关。因此，开展水力学监测是保证工程安全的一项重要措施。

(1)监测部位。主要选择 1#、5#表孔和 1#、3#底孔作为主要监测部位。

(2)监测内容。水力学的主要监测内容为流态、水舌轨迹、掺气、空气噪声、雾化、泄洪时的水情、时均压力、脉动压力、水下噪声、波浪、开度行程等。

(3)压力测点布置。在 1#表孔溢流面上布置 6 个脉动压力测点，侧墙上布置 5 个断面、7 个脉动压力测点，消力池下游挡水墙布置 1 个脉动压力测点。共计布置压力测点 14 个。

在 5#表孔溢流面上布置 8 个脉动压力测点，消力池下游挡水墙布置 1 个脉动压力测点。共计布置压力测点 9 个。

在 1#底孔溢流面上布置 13 个脉动压力测点，侧墙上布置 9 个断面、12 个脉动压力测点，消力池下游挡水墙布置 1 个脉动压力测点。共计布置压力测点 26 个。

在 3#底孔溢流面上布置 13 个脉动压力测点，侧墙上布置 3 个断面、3 个脉动压力测点，消力池下游挡水墙布置 1 个脉动压力测点。共计布置压力测点 17 个。

8.4.3 监测资料初步分析成果

1. 大坝变形监测

大坝廊道变形监测仪器正垂线、倒垂线、双金属标、引张线、静力水准、精密水准点于 2012 年 1 月 10 日前安装完成并测取初值。

大坝基础 16#、17#、20#、24#、28#、31#坝段坝基中线上、下游各埋设基岩变形计 1 套，共 12 套。至 2011 年 12 月 31 日，基岩最大压缩变形 6.51mm（20#坝段轴线下 96.68m），变形趋势微有收敛；24#中心线深齿槽基岩（坝轴线上）压缩变形 4.52mm，呈压缩变形趋势；其他监测部位基岩变形趋势相对稳定。

大坝基础 16#、17#、20#、24#坝段坝基中线上、下游各埋设多点位移计 1 组，28#、31#坝段坝基中线中坝段间部位各埋设多点位移计 1 组，共计多点位移计 10 组。至 2011 年 12 月 31 日，监测部位基岩变形 5.0mm 以内，变形趋势相对稳定。

2. 渗流渗压监测

大坝上、下游帷幕灌浆廊道、消力池测压管 2012 年 1 月 5 日前全部完成施工。目前暂未布置坝基和坝体渗漏量监测设施，经坝体排水管及裂缝等处的漏水暂时采用目测，漏水量较大时，设法集中后用容积法量测。

大坝 16#、17#、20#、24#、28#、31#坝段基础共布置基岩渗压计 15 支，监测坝基渗漏情况。目前 16#坝段坝基水头高度为 0.6m（历史最大水头 3.1m）；17#坝段坝基历史最大水头 13.7m，目前最大水头高度 9.0m；20#坝段坝基历史最大水头 5.7m，目前最大水头 5.0m；24#坝段坝基历史最大水头 2.6m，目前最大水头高度 0.2m；28#坝段坝基历史最大水头 0.6m，2011 年前基本无水压；31#坝段坝基历史最大水头 4.0m，目前最大水头高度 4.0m。坝基所有监测部位水位变化无异常。

20#坝段 361.0m、381.0m 高程、24#坝段 363.0m、381.0m 高程、31#坝段 367.0m 高程、389.0m 高程坝体水平工作缝上共计布置渗压计 23 支，监测大坝蓄水后坝体水平工作缝渗漏情况。坝体渗压计仅 20#坝段 361.0m 高程上游面（距坝面 1.0m）渗压计水头高度为 1.2m，其余渗压计水头高度在 0.2m 以内，局部渗压计基本无水压。

3. 应力应变监测

（1）温度计。大坝混凝土温度计布置在 17#、20#、24#、28#、31#坝段，基岩温度计布置在 20#、31#坝段，共计布置温度计 460 支，已完成 398 支。

以 17#坝段为例，该坝段共计温度计 49 支，坝面温度计 6 支（T2-01BD17 ~ T7-01BD17）、混凝土温度计 43 支，分 7 个高程（351.0m、361.0m、371.0m、381.0m、391.0m、401.0m、411.0m）布置埋设。坝面温度随环境温度变化而变化；混凝土历史最高温度 35.1℃（391.0m 高程，2011 年 5 月浇筑混凝土），目前最高温度 33.5℃（371.0m 高程坝尾温度计受 1#引水管混凝土浇筑影响），呈降温趋势。

（2）测缝计。大坝基础和岸坡周边接缝布置测缝计 26 支，监测坝体混凝土与基岩接触面开合变化；坝段与坝段分缝之间布置测缝计 48 支，监测坝块分缝开合变化。

以大坝左岸陡坡坝段 13#坝段为例，该坝段布置测缝计 2 支，基本处于闭合状态；14#坝段布置测缝计 3 支，目前接缝最大开度为 0.12 ~ 0.32mm；16#坝段基础坝 0 ~ 4.35m

桩号、左侧贴坡 376.0m 高程坝 0+0.00 桩号、0+40.00 桩号各布置测缝计 1 支，目前接缝开度 0.22~0.69mm，呈增大趋势；17#坝段左侧贴坡 357.0m 高程坝 0+0.00 桩号、0+40.00 桩号各布置测缝计 1 支（0+40.00 桩号测缝计 2011 年 3 月 16 日固结灌浆影响增大 3.76mm），目前接缝开度分别为 0.67mm、4.56mm，基本趋于稳定。

（3）坝体应变计。大坝坝体内布置五向应变计 24 组（每组对应布置无应力计 1 支）、二向应变计 2 组（每组对应布置无应力计 1 支）、单向应变计 2 支。在大坝施工和温度共同作用下产生微应变在 ±180.0με 以内，无异常突变现象。

以 20#坝段为例，该坝段引水管下弯段（4—4）监测断面钢管底部钢板计最大拉伸应变 93.604με，应变计最大拉伸应变 936.4με，钢筋计最大拉应力为 159.05MPa。由于仪器所属上部钢衬安装、混凝土浇筑及混凝土自身温度的共同作用，导致该部位仪器数据变化较大。

4. 底孔周边钢筋混凝土应力应变监测

1#底孔（22#坝段）、3#底孔（24#坝段）闸门槽前后和底孔明流段各布置应变计 21 支、无应力计 4 支、钢筋计 25 支。周边混凝土应变受自身混凝土温度或相邻坝段同一高程混凝土温度影响，变化较明显；各应变计对应布置的钢筋计应力无异常变化。

8.4.4 总结

本工程安全监测工程于 2010 年 7 月开工，截至 2011 年 12 月 31 日共完成监测仪器设备埋设安装 1073 支（点），仪器全部完好，埋设合格率 100%。因后续各种原因（主要是基础廊道进水，仪器电缆被水浸泡时间过长）21 支仪器失效，完好率 98.04%。

基岩最大压缩变形为 6.51mm（20#坝段轴线下 96.68m），变形趋势相对稳定；其他监测部位基岩无较大变形，趋势相对稳定。

大坝基础渗压计目前最大水头高度为 9.0m（17#坝段），其余坝段基础部位水头高度在 5.7m 以内，坝基所有监测部位水位变化无异常。

坝体渗压计目前仅 20#坝段 361.0m 高程上游面（距坝面 1.0m）渗压计水头高度为 1.2m，其余渗压计水头高度在 0.2m 以内，局部渗压计基本无水压。

大坝各坝段碾压混凝土最高温度在 35.1~37.7℃，主要出现在 5~7 月份浇筑的 377.0~391.0m 高程的混凝土，目前最高温度在 26.0~35.0℃，基本为降温趋势；大坝 24#坝段常态混凝土最高温度为 50.3℃（391.0m 高程，2011 年 8 月浇筑），目前最高温度为 29.1℃（391.0m 高程），呈降温趋势。

大坝左岸陡坡坝段（14#~17#坝段）目前最大开度为 0.12~0.67mm；坝基目前最大开度为 0.07~1.38mm；17#、20#、28#、31#坝段坝尾施工缝目前最大开度为 0.23~0.66mm，呈增大趋势；坝块分缝开度为 0.07~3.03mm。

大坝坝体混凝土应变计在大坝施工和温度共同作用下产生微应变在 ±180.0με 以内，均在经验数值范围，成果符合一般规律。

20#坝段引水管下弯段（4—4）监测断面钢管底部钢板计最大拉伸应变为 93.604με，应变计最大拉伸应变为 936.4με，钢筋计最大拉应力为 159.05MPa。由于仪器所属上部钢衬安装、混凝土浇筑及混凝土自身温度的共同作用，导致该部位监测仪器在施工初期数据变化较大，目前相对变化较小。

　　1#底孔(22#坝段)、3#底孔(24#坝段)周边混凝土浇筑初期应变受自身混凝土温度或相邻坝段同一高程混凝土温度影响，变化较明显，目前相对变化较小；各应变计对应布置的钢筋计应力无异常变化。

◎ 习题与思考题

　　1. 水库大坝监测主要包括哪些内容？
　　2. 水库大坝坝顶沉降监测主要有哪些方法？
　　3. 水库大坝坝顶水平位移监测主要有哪些方法？

第9章 变形监测资料整编与分析

【教学目标】

学习本章，要掌握变形监测资料整编的内容及方法，掌握各种变形监测数据的处理方法，掌握通过变形监测数据成果绘制各种变形曲线的方法，同时了解如何通过变形监测数据和曲线分析变形形成的各种因素及其相互之间的关系。

9.1 变形监测资料整编与分析概述

监测资料整编，是将变形体监测的各种原始数据和有关文字、图表等材料进行汇总、检核、审查，综合整理成系统化、规格化、图表化的监测成果，并汇编刊印成册或制成光盘。

监测资料分析，是根据监测数据统计图表和变形过程曲线，分析变形过程、变形规律、变形幅度、变形的原因、变形值与引起变形因素之间的关系。

9.1.1 变形监测资料整编与分析的意义

变形监测的数据是对各类变形体的变形情况进行大量周期性观测得到的成果，这些数据是离散的。变形监测本身的目的是监测变形体的变形情况，分析变形产生的因素，解译变形形成的机理，对变形趋势做出预报，因此对大量的离散数据进行综合处理，绘制各种变形过程曲线，从而来分析变形的趋势，同时根据各种变形曲线的特性来分析变形产生的主要原因。

变形监测资料的整编和分析，其主要目的是根据观测数据的平差值列表并绘制曲线图，也就是将变形体在自身及外界因素共同影响下产生的变形量、变形过程和变形幅度通过图表正确地表达出来，从而对变形体的运行状态及变形趋势做出正确的判断，分析变形体变形的内在原因和规律、各变形因素之间的关系，从而修正设计的理论及所采用的经验系数。变形监测资料的整编和分析，其主要意义在于及时发现变形体安全运行的隐患，方便对监测数据的分析、决策和反馈，也有利于资料的存档和应用。

9.1.2 变形监测资料整编与分析的步骤

(1)监测资料的收集和表示；

(2)监测基准网的稳定性分析；

(3)原始观测资料的检验和误差分析；

(4)各类观测数据表的填写；

（5）各类变形过程线的绘制；

（6）分析模型的建立和选用；

（7）变形数据的综合分析；

（8）变形相关结论的总结；

（9）监测资料的检验和审定编印。

9.2 变形监测资料整编与分析的内容

9.2.1 变形监测资料整理的内容

监测资料整理通常是在平时资料计算、校核的基础上，按规定及时对监测资料进行整理的工作，主要是对现场观测获得的第一手资料加以整编，编制成图表和说明，使其成为便于使用的成果，主要内容包括以下几个方面：

1. 检核各项原始记录

检查各单期外业观测记录手簿计算是否正确，校核各项限差是否符合要求，检查相邻各观测周期间变形值的计算是否正确。原始观测记录包括自动采集和人工采集两种，均要求填写齐全，人工记录要求字迹清晰，不得涂改、擦改和转抄，凡是划改的数字和超限划去的成果，均应注明原因，并注明重测结果所在页数。

2. 原始数据格式处理

对变形监测的各种外业观测资料进行归类，将其整理成便于变形监测数据处理软件读取的特殊的文件格式，使得离散的外业观测数据成为便于使用的成果。

3. 填写观测值数据表

对各种变形值按时间逐点填写到数据表中，数字取位要符合表 9.1 的要求。

表 9.1 观测成果计算和分析中的数字取位要求

等级	类别	角度（″）	边长（mm）	坐标（mm）	高程（mm）	沉降值（mm）	位移值（mm）
一级	控制点	0.01	0.1	0.1	0.01	0.01	0.1
二级	观测点	0.01	0.1	0.1	0.01	0.01	0.1
三级	控制点	0.1	0.1	0.1	0.1	0.1	0.1
	观测点	0.1	0.1	0.1	0.1	0.1	0.1

注：特级的数字取位应根据需要确定。

4. 绘制各种变形曲线

在检核各期外业观测成果和各相邻周期计算成果的基础上，依据变形值统计表，绘制各种变形过程线、分布图、相关图等。使用的图标、符号应统一规格，描绘工整，注记清楚。

9.2.2 变形监测资料分析的内容

监测资料分析，是在监测资料整理成各种数据表并绘制成各类变形过程线的基础上进行的，主要内容包括以下几个方面：

1. 成因分析

对变形体结构本身(即内因)与作用在变形体上的荷载(即外因)加以分析推理，寻找变形产生的原因和规律性。

2. 统计分析

对实测资料进行统计分析，从中寻找规律并导出变形值与引起变形的因素之间的关系。

3. 变形预报

在成因分析和统计分析的基础上，根据求得的变形值与引起变形因素之间的函数关系，预报未来变形值的范围并判断建筑物的安全程度。

9.3 变形监测资料整编与分析的方法

9.3.1 变形监测资料整编的方法

1. 监测数据表的制作方法

(1)沉降监测数据表。表 9.2 为沉降监测各期的数据表，表 9.3 为沉降监测成果汇总表，也可将各点沉降值统计于表 9.4 中，表 9.5 为沉降监测基准点检查表。

表9.2 建筑物沉降监测记录表

工程名称					观测日期		年 月 日	
施工进度					观测期次			
观测点号	观测部位	上期高程（mm）	本期高程（mm）	本期沉降值（mm）	上期累计沉降值(mm)	本期累计沉降值(mm)	备 注	

测量员：
记录员：   监理(建设)单位监督人：

表 9.3　　　　　　　　　　　　　　　　　　建筑物沉降监测成果汇总表

观测点号	观测期数	观测日期（年—月—日）	间隔时间（d）	累计时间（d）	本期沉降值（mm）	沉降速率（mm/d）	累计沉降值（mm）	施工进度

表 9.4　　　　　　　　　　　　　　　　　　建筑物沉降值统计表

观测点号　　　　沉降值　观测日期	沉降值（mm）	累计值（mm）	沉降值（mm）	累计值（mm）	沉降值（mm）	累计值（mm）	沉降值（mm）	累计值（mm）	沉降值（mm）	累计值（mm）

表 9.5　　　　　　　　　　　　　　　　　　建筑物沉降监测基准点检查表

基准点编号	标石规格	埋设日期			埋设位置	基础情况	测定日期			高程（mm）	备注
		年	月	日			年	月	日		

（2）水平位移监测数据表。表 9.6 为水平位移监测各期数据表，表 9.7 为水平位移监测成果汇总表，也可将各点位移值统计于表 9.8 中，表 9.9 为沉降监测基准点检查数据表。

表 9.6　　　　　　　　　　　　　　　　　　建筑物水平位移监测记录表

工程名称			观测日期	年　月　日		
施工进度			观测期次			
观测点号	观测部位	上期观测值	本期观测值	本期位移值（mm）	上期累计位移值（mm）	本期累计位移值（mm）	备注

测量员：
记录员：　　　　　　　　　监理（建设）单位监督人：

表 9.7　　　　　　　　　　建筑物水平位移监测成果汇总表

观测点号	观测期数	观测日期（年—月—日）	间隔时间（d）	累计时间（d）	本期位移值（mm）	位移速率（mm/d）	累计位移值(mm)	施工进度

表 9.8　　　　　　　　　　建筑物水平位移值统计表

观测点号＼观测日期	位移值（mm）	累计值（mm）	位移值（mm）	累计值（mm）	位移值（mm）	累计值（mm）	位移值（mm）	累计值（mm）	位移值（mm）	累计值（mm）

表 9.9　　　　　　　　　　建筑物水平位移监测基准点检查表

基准点编号	标石规格	埋设日期 年	埋设日期 月	埋设日期 日	埋设位置 $X(m)$	埋设位置 $Y(m)$	基础情况	测定日期 年	测定日期 月	测定日期 日	高程（mm）	备注

水平位移观测表中，上期观测值和本期观测值因水平位移观测方法不同而不同，例如，使用测小角法时，观测值为角度；使用 GPS 法时，观测值为坐标；使用活动站牌法时，观测值为游标卡尺读数。表 9.10 为经纬仪测小角法水平位移观测数据记录表。

表 9.10　　　　　　　　　　经纬仪测小角法水平位移观测记录表

工程名称						观测日期	年 月 日	
施工进度						观测期次		

测站点号	观测点号	观测部位	上期角度观测值（°′″）	本期角度观测值（°′″）	角度差值（″）	水平距离（m）	上期累计位移值（mm）	本期累计位移值(mm)	备注

测量员：　　　　　　　　　　　　　　监理(建设)单位监督人：

记录员：

2. 变形曲线的绘制方法

（1）使用 Excel 绘制变形曲线。

表 9.11 　　　　　　　　　　××高层楼盘沉降监测数据表　　　　　　　　　　（单位：mm）

	A	B	C	D	E	F	G	H	I
1	累计时间(d)	1号点	2号点	3号点	4号点	5号点	6号点	7号点	载荷
2	0	0	0	0	0	0	0	0	1
3	72	0.54	0.66	1.16	1.51	0.13	-0.06	0.21	5
4	135	1.85	1.23	2.57	4.01	2.24	4.05	1.77	9
5	198	4.58	5.57	6.04	7.23	7.84	6.21	6.99	15
6	275	5.05	6.36	7.42	8.67	8.14	10.36	7.27	20
7	345	7.73	8.36	13.3	11.67	13.5	15.9	12.35	24
8	430	9.74	10.42	14.53	12.56	14.52	15.77	13.79	30
9	505	12.31	12.58	15.83	13.78	15.61	16.33	14.43	30
10	572	13.75	13.24	17.16	14.84	16.17	18.37	15.33	30
11	635	13.66	14.15	17.3	15.12	16.39	18.14	15.91	30

①将沉降数据录入表 9.11 所示的 Excel 表中。在 Excel 中选择"插入"→"图表"菜单，进入"图表向导"对话框。在"标准类型"中选择"折线图"，点击"下一步"。

②在"数据区域"选项卡中点击"系列产生在列"，在"数据区域"中选择 7 个观测点对应的 10 期数据（即 B2 到 H11 所在范围），向导中显示"=Sheet1！B2：H11"。

③在"系列"选项卡中将各系列名称改为"1 号点"、"2 号点"等，在"分类(X)轴标志(T)"中选择累计时间列（即 A2 到 A11 的范围），向导中显示"=Sheet1！A2：A11"。

④在"标题"选项卡中的"分类(X)轴(C)"中输入"沉降量(mm)"，在"数值(Y)轴(V)"中输入"时间(天)"，再根据需要在"坐标轴"、"网格线"、"图例"、"数据标志"、"数据表"选项卡中进行必要的编辑。同理，可完成荷载量和时间的曲线，即可得到图 9.1 所示的曲线图。

（2）使用 MATLAB 绘制变形曲线。

①绘制变形过程曲线图。MATLAB 中的绘图命令 plot(X，Y，S)可以方便地绘制出各种形状的变形过程曲线图。以沉降监测为例，下列代码可以绘制出某监测点的沉降过程曲线图，如图 9.2 所示：

Plot(t，p，'-o')

%t 为监测时间，p 为累计沉降序列

Legend('累计沉降量'，1)

Title('沉降过程曲线图')

xlabel('时间序列')

ylabel('累计沉降值')

②绘制等值线图。MATLAB 中使用函数 contour(x，y，z)可以绘制等值线图，如图 9.3 所示。使用函数 contour3(x，y，z)可以生成立体等值线图，如图 9.4 所示。

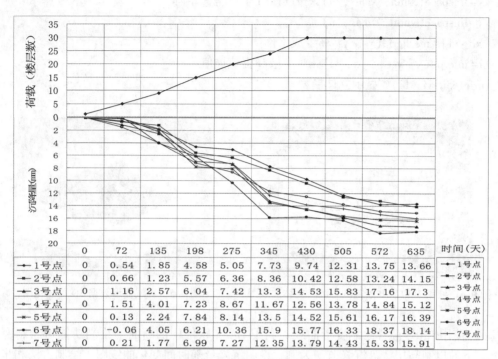

	0	72	135	198	275	345	430	505	572	635	时间（天）
1号点	0	0.54	1.85	4.58	5.05	7.73	9.74	12.31	13.75	13.66	
2号点	0	0.66	1.23	5.57	6.36	8.36	10.42	12.58	13.24	14.15	
3号点	0	1.16	2.57	6.04	7.42	13.3	14.53	15.83	17.16	17.3	
4号点	0	1.51	4.01	7.23	8.67	11.67	12.56	13.78	14.84	15.12	
5号点	0	0.13	2.24	7.84	8.14	13.5	14.52	15.61	16.17	16.39	
6号点	0	-0.06	4.05	6.21	10.36	15.9	15.77	16.33	18.37	18.14	
7号点	0	0.21	1.77	6.99	7.27	12.35	13.79	14.43	15.33	15.91	

图 9.1　××高层楼盘 1#楼荷载-沉降量-时间（*P-T-S*）曲线图

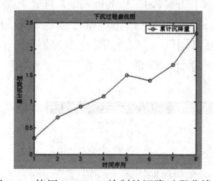

图 9.2　使用 MATLAB 绘制的沉降过程曲线图

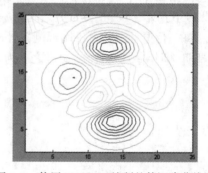

图 9.3　使用 MATLAB 绘制的等沉降曲线图

③变形值 3D 可视化。对所观测的区域性变形数据，绘制出不同时期的三维等值线图，就可直观地了解这个区域的整体变形趋势，如图 9.5 所示。MATLAB 函数可以对不规则数字高程模型 DEM 采样数据点(x，y，z)的数据进行等距化构造格网 DEM 数据，采样 x＝linspace(xmin，xmax，n)函数沿 x 方向在最小值 xmin 和最大值 xmax 之间均匀设点 n 个，同理，可在 y 方向均匀设点 m 个。函数[X，Y]＝meshgrid(x，y，z，X，Y，method)函数确定规则格网点上的高程值；Clabel(C，h)对各条等值线标注。主要代码及说明如下：

%h 为某区域(xmin，ymin，xmax，ymax)内离散采样高程值序列；

xs＝linspace(xmin，xmax，n)%按间距 n 生产坐标矩阵

ys＝linspace(ymin，ymax，n)

[xi，yi]＝meshgrid(xs，ys)%生成格网

hi＝interp2(x，y，h，xi，yi)%对离散高程值插值

surfc(xi，yi，hi)%显示立体模型

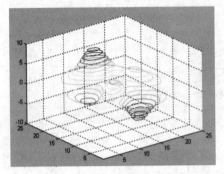 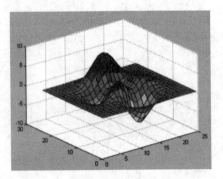

图 9.4　使用 MATLAB 绘制的等沉降立体曲线图　　　图 9.5　区域变形数据 3D 可视化图

（3）使用 CASS 软件绘制变形曲线。利用 CASS 软件中的断面图绘制功能可绘制变形曲线，下面以某高层楼盘沉降监测为例，说明沉降量随时间变化曲线图，绘制方法和步骤如下：

①数据文件的编辑。使用 TXT 文本编辑器编辑扩展名为"＊.hdm"的文件，其数据格式如图 9.6 所示，begin 和 next 之间为一条下沉曲线对应的数据，可以连续绘制多条下沉曲线。每一行逗号之前为各期观测累计时间值（可以用天、月、季度等作为累计单位）或观测日期（即年—月—日），逗号之后为各期对应的累计沉降量。

```
begin
0,0
72,0.54
135,1.85
198,4.58
275,5.05
345,7.73
430,9.74
505,12.31
572,13.75
635,13.66
next
begin
0,0
72,0.66
135,1.23
198,5.57
275,6.36
```

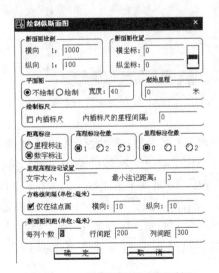

图 9.6　hdm 数据文件格式　　　　图 9.7　横断面图绘制对话框

176

②变形曲线的绘制。选择 CASS 软件中的"工程应用"→"绘断面图"→"根据里程文件"菜单，即可弹出图 9.7 所示的对话框。以沉降观测累计时间为横坐标，以累计沉降量为纵坐标；在距离标注选项中选择数字标注，将里程标注位数选为 0；按需要将高程标注位数选为 1 或 2；再依据图纸尺寸需要选择横向和纵向的比例尺，即可绘制出沉降曲线。

③变形曲线的修饰。使用 CASS 软件的断面图功能绘制的沉降监测曲线，需要经过一定的修饰才能更为合理。将纵坐标标示为沉降量，横坐标标示为观测日期或累计天数。将各条沉降监测线用不同的颜色表示。修饰之后的沉降变形曲线如图 9.8 所示。

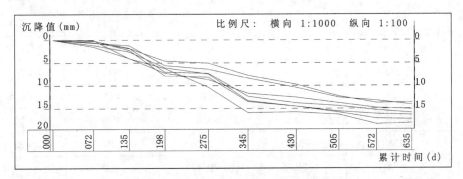

图 9.8　用 CASS 软件绘制的沉降曲线图

(4)使用 VB 编程绘制变形曲线。使用 Visual Basic 编程语言也可以绘制各种变形过程曲线，图 9.9 所示为使用 VB 绘制的某地采矿区地表移动曲线图，对应的数据如图 9.10 所示。

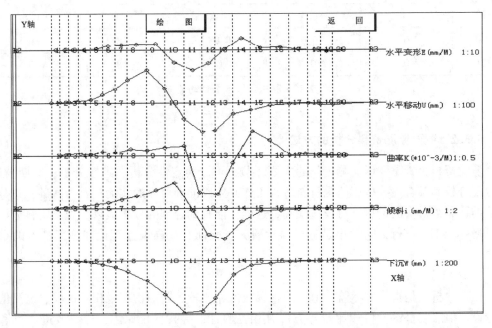

图 9.9　使用 VB 绘制的某采矿区地表移动曲线

序号	下降值（mm）	倾斜值（mm/m）	曲率（10-3/m）	水平移动（mm）	水平变形（mm）
1	0	0	0.02	3	0.1
2	0	0.4	0.09	7	0.6
3	3	1.0	0.13	11	0.6
4	10	1.9	0.08	16	0.7
5	23	2.6	0.26	25	0.9
6	49	5.2	0.20	47	2.2
7	101	7.2	0.44	110	6.3
8	173	11.6	0.35	184	7.4
9	289	16.0	0.53	303	7.9
10	529	23.9	0.64	431	8.5
11	888	33.5	−2.45	193	−15.9
12	1389	−3.2	−2.56	−210	−26.9
13	1341	−35.2	−0.47	−385	−17.4
14	987	−41.1	1.61	−369	1.1
15	371	−17.9	0.99	−146	16.0
16	122	−3.1	0.02	−91	3.4
17	72	−2.8	0.1	−28	4.2
18	31	−1.3	0.06	−9	1.3
19	11	−0.5	−0.01	−3	0.6
20	6	−0.6	0.03	−18	−1.5
21	0	0	0	−18	0

图 9.10　某采矿区地表移动数据

9.3.2　变形监测资料分析的方法

监测资料分析是变形监测工作的主要环节，可分为定性分析、定量分析、定期分析、不定期分析和综合性分析。监测资料分析工作必须以准确可靠的实测资料为基础，在分析计算前，必须对实测资料进行校核检验，这样才能得到合理的分析成果。观测资料分析成果可指导施工和运行，同时也是进行科学研究、验证和提高设计理论和施工技术的重要资料。

1. 比较分析法

比较分析法是指将实际监测值与技术警戒值相比较、监测物理量相互比较、监测值与理论设计值或模型试验值相比较等方法并相互验证，寻找异常原因，探讨改进运行和设计、施工方法的途径。由于变形监测实际工作条件的复杂性,必须用其他分析方法处理观测资料,分离各种因素的影响,才能对比分析。比较分析法可从以下三个角度去分析:

(1)将监测值与相应指标技术警戒值相比较。以水利工程监测为例,技术警戒值是大坝在一定工作条件下的变形量、渗漏量及扬压力等设计值,或有足够的监测资料时经分析求得的允许值(允许范围),在蓄水初期可用设计值作为技术警戒值,根据技术警戒值可判定监测物理量是否异常。

(2)将同类监测物理量的变化规律和趋势相互比较。监测物理量的相互对比是将相同部位(或相同条件)的监测量做相互对比,以查明各自的变化量的大小、变化规律和趋势是否具有一致性和合理性。

例如,图9.11(a)是某大坝在灌浆廊道内各测点的垂直位移分布图,图9.11(b)是该大坝在灌浆廊道内测得的坝基垂直位移过程线,三条过程线相应的测点分别位于25、30、33坝段。这些过程线表明在1978年上半年前,30坝段与25及33坝段的观测值变化速率是不一致的。经检查,30号坝段处在基岩破碎带范围内,于是对该坝段基岩部位进行了灌浆处理。从1978年下半年开始,30号坝段的垂直位移增长速率与其他两坝段的垂直位移增长速率基本上就一致了。

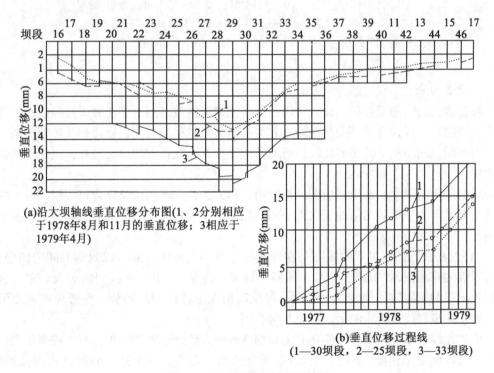

(a)沿大坝轴线垂直位移分布图(1、2分别相应于1978年8月和11月的垂直位移;3相应于1979年4月)

(b)垂直位移过程线
(1—30坝段,2—25坝段,3—33坝段)

图9.11 坝基垂直位移观测结果

(3)将监测值与理论计算值或模型试验值相比较。监测成果与理论的或试验的成果相对照比较,看其规律是否具有一致性和合理性。

例如,图9.12是某大坝坝踵混凝土应力δy与上游水深之间的相关图。从这张相关图可以看出，第 32 号坝段实测坝踵部位混凝土应力 δy 曲线与上游水位的升高无关，且与有限单元计算的曲线及 39、26 号坝段坝踵部位实测应力的变化规律也不一致。经研究，第 32 号坝段坝踵接缝已经裂开，因而产生这种现象。

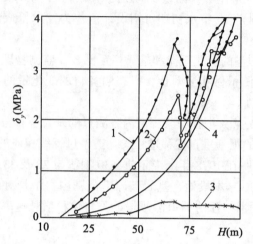

H—上游水位；1—第 39 号电站坝段；2—第 26 号非溢流坝段；
3—第 32 号电站坝段；4—按有限单元法计算的 $\delta y = f(h)$
图 9.12　坝踵混凝土应力 δy 与上游水位之间关系图

2. 作图分析法

将监测资料绘制成各种曲线，常用的是将观测资料按时间顺序绘制成过程线。通过观测物理量的过程线，分析其变化规律，并将其与其他过程线对比，研究相互影响关系。也可绘制不同观测物理量的相关曲线，研究其相互关系。这种方法简便直观，适用于初步分析阶段。

根据分析的要求，画出相应的过程线图、相关图、分布图以及综合过程线图等。由图可直观地了解和分析观测值的变化大小和其规律，影响观测值的荷载因素和其对观测值的影响程度，观测值有无异常。

(1)过程曲线图。过程曲线图是物理量与时间的关系图，通常以观测时间为横坐标，以所考查的观测值(如沉降、位移、倾斜、裂缝、挠度)为纵坐标绘制的曲线。它可直观地反映出观测值随时间而变化的过程，可反映出变形体的变形趋势、变形规律和变形幅度，对于初步判读建筑物的运营状况非常有用。

由过程线可以看出观测值变化有无周期性，最大值最小值是多少，一年或多年变幅有多大，各时期变化梯度(快慢)如何，有无反常的升降等。图上还可同时绘出有关因素，如水位、气温等的过程线，来了解观测值和这些因素的变化是否相适应，周期是否相同，滞后多长时间，两者变化幅度大致比例等。图上也可同时绘出不同测点或不同项目的曲线，来比较它们之间的联系和差异。

图 9.13 所示是某坝坝基发生漏水事故中 13 号垛水平位移过程线。由过程线可知，1962 年 11 月 6 日该垛位移值突然增大，向下游达 19.56mm，向右达 14.53mm，位移的上

下游向和左右向的变化率亦与以前的速率有着显著差异，这是该事故在水平位移观测值中的异常反映。

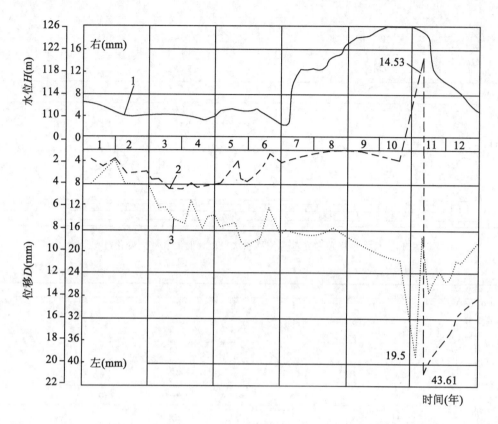

1—库水位；2—左右向；3—上下向

图 9.13　某坝 1962 年 13 号垛水平位移过程线图

图 9.14 所示为某大坝坝顶激光垂直位移和水平位移监测和气温变化的关系曲线。坝体上下游混凝土温度变化不同，通常在夏季，坝下游面混凝土受烈日暴晒温度高于气温，坝上游面混凝土浸在水面以下，其温度低于气温；而在冬季情况正好相反，所以使得坝体产生季节性摆动。坝体温度变化引起混凝土的膨胀与收缩是坝体沉陷的主要原因。可以看出，随着每年气温的升降变化，坝顶的垂直位移和水平位移呈现出年周期性变化，年变形趋势基本一致，出现重复性，表面该大坝运行状况良好。

图 9.15 为某大坝坝顶激光水平位移监测和上游水位的关系曲线。通常，水库在夏秋季节水位较高，而冬春季节水位较低，水库水位造成的大坝变形也呈年周期性变化。由图可以看出每年随着水位的升降变化，坝顶水平位移出现有规律的正负变化，从枯水期到丰水期随着水位上升坝顶位移向下游增大；反之，下降大坝位移向上游增大，且每年的变形走势基本相同。

（2）分布曲线图。分布曲线图是变形监测物理量沿某一特定方向或特征面分布的图

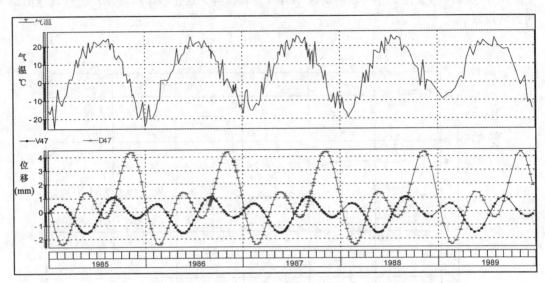

图 9.14　某大坝坝顶激光垂直位移和水平位移监测和气温变化过程线图

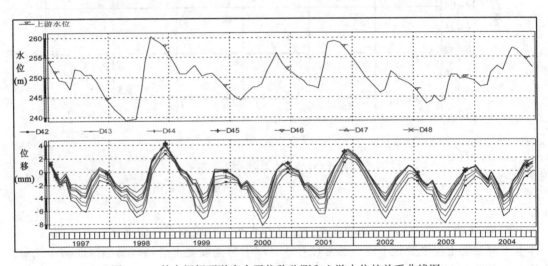

图 9.15　某大坝坝顶激光水平位移监测和上游水位的关系曲线图

形。和过程曲线图不同，分布曲线图的横坐标通常是建筑物的某条轴线或某个方向，而过程曲线图的横坐标通常是累计观测时间。以横坐标表示测点的位置、纵坐标表示观测值所绘制的折线图或曲线图叫分布图，它反映了观测值的空间分布情况，由图可看出观测值分布有无规律，最大、最小数值在什么位置，各点间特别是相邻点间的差异大小等；图上还可绘出有关因素如坝高等的分布值，来了解观测值的分布是否和它们相适应；图上也可同时绘出同一项目不同期次和不同项目同一期次的数值分布，来比较其间的联系和差异。

　　图 9.16 为某大坝轴线上不同坝段处坝顶激光垂直位移分布曲线图。由图可以看出，左侧坝段的总体沉降要大于右侧坝段，特别是 6#～21# 坝段的沉降值更大，表明该坝段基

182

础承载力较其他坝段较弱，所以沉降量相对较大。

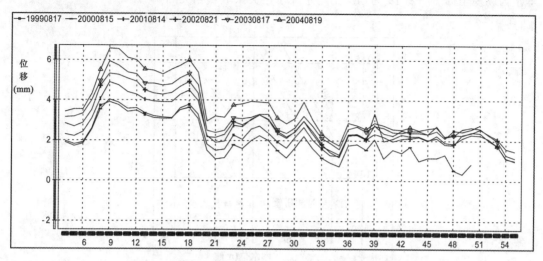

图 9.16　某大坝不同坝段处坝顶激光垂直位移分布曲线图

当测点分布不便用一个坐标来反映时，可用纵横坐标共同表示测点位置，把观测值记在测点位置旁边，然后绘制观测值的等值线图来进行考察。

图 9.17 为水库大坝不同高程处测点的水平位移值分布曲线图，可以看出随着大坝高度越高，在静水压力作用下坝体不同高度处受不同的水平推力作用，使坝体产生了挠曲变形。

图 9.18 为某高层建筑物基础面等沉降值分布曲线图，由图可以看出，在建筑物中心位置的核心筒处沉降量较大。

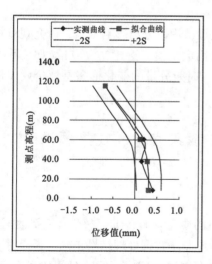

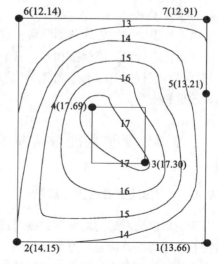

图 9.17　大坝不同高程处测点的水平位移值分布图　图 9.18　某高层建筑物基础面等沉降值分布曲线图

（3）相关图。相关图分为散点相关图和相关线图两种，相关图中一般以两个有关的物理量为纵横坐标。图 9.19 为扬压力与水库水位关系散点相关图。

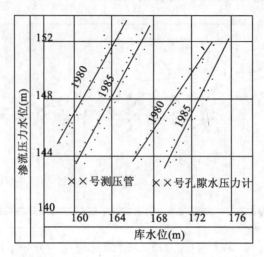

图 9.19　扬压力与水库水位关系散点相关图

3. 统计分析法

统计分析法是用数理统计理论分析计算各种物理量的变化规律和特征，分析观测物理量的周期性、相关性和发展趋势。这种方法具有定量的概念，使得分析成果更具有实用性。

统计分析法具体是指对各项观测值历年变化量的最大值和最小值（含出现时间）、变幅、周期、年平均值及年变化率，考察各监测量在数量变化方面是否具有一致性、合理性以及它们的重现性和稳定性。

4. 模型分析法

采用系统识别方法处理观测资料，建立数学模型，用以分离影响因素，研究观测物理量变化规律，进行实测值预报和实现安全控制。常用数学模型法建立效应量（如位移、扬压力等）与原因量（如库水位、气温等）之间的关系。时效分量的变化形态是评价效应量正常与否的重要依据。

9.4　变形监测最后提交成果、成果表达、成果解译

9.4.1　变形监测最后提交成果

对于变形监测网的周期观测数据需进行观测值的质量检查，如完整性、一致性检查，进行粗差和系统误差检验、方差分量估计，保证变形监测数据处理结果正确可靠。对于各监测点上的时间序列实测资料，通过插值方法或拟合方法整理成等间隔时间的观测序列，以便供变性分析使用。

变形监测工程项目应提交下述综合成果资料：

（1）技术设计书和监测方案；

（2）变形监测网和监测点布置平面图；

（3）标石、标志规格及埋设图；

（4）仪器的检校资料；

（5）原始观测记录资料（手簿或电子文档）；

（6）整理之后的各类观测成果表；

（7）控制网平差计算及成果质量评定资料；

（8）变形监测数据处理分析和预报成果资料；

（9）变形过程和变形分布图表；

（10）变形监测技术总结报告。

变形监测是多周期重复性观测，原始观测资料数据量大，数据处理和成果解译过程复杂，为了获得很高的精度和可靠性，需要将数据综合整理分析，使得变形成果表达既概括直观，又能反映变形的本质和特征。

9.4.2 变形监测成果表达

变形监测的成果可以使用文字资料、数据表格、图形图像等形式来表达。成果表达最重要的是正确性和可靠性，其次才是表达的逻辑性和艺术性。在正确、可靠的前提下，结构的严谨、流畅的文字描述、恰当的图形结合则显得十分重要。

文字报告是变形成果表达中比较详细的材料，其中应该有比较详细的分析、评价、结论和建议。报告可以包含如下方面：

（1）工程概况；

（2）测点情况；

（3）数据整理；

（4）测值变化规律与特征；

（5）简单的计算分析结果；

（6）发展趋势与预测；

（7）比较和判别；

（8）评价与建议。

数据表格是一种最简单的表达形式，用它直接列出观测成果或由之导出变形。表格的设计编排应清楚明了，如按建筑阶段或观测周期编排。变形值与同时获取的其他影响量（如温度、水位等数据）可一起表达。

图形表达直观方便，形式也丰富多彩。图形主要包括变形过程图、变形分布图、变形相关图等。图形表达的形式取决于变形的种类和研究的目的，还要满足业主的要求，应结合实际情况设计具有特色的表达形式。在图形表达中，比例尺的选择十分重要，变形体的比例尺与变形的比例尺要选配得当。若有多种图混在一起，其比例尺应统一。对于多周期观测，要考虑图形的增绘，使用的颜色和符号要有助于增强图形显示效果，图中的信息应完整。

9.4.3 变形监测成果解译

引起变形的原因很多，对变形机理的解译也需要多学科的专业知识。在变形监测数据处理及分析过程中，测量人员需要与工程及水文地质人员、建筑结构设计及施工人员一起研讨，共同分析建筑物变形的原因与机理、变形的速度和趋势，从而得出变形体的变形特征、变形产生的原因及各因素之间的关系。对变形监测的解释与变形体的性质和监测目的有关，需要解答下列问题：

(1)变形监测的目的：变形体安全运行监测，科学研究检验设计理论和优化设计方案；

(2)分析引起变形体变形的内因：荷载变化、基础类型、结构类型、应力变化等原因；

(3)分析引起变形体变形的外因：温度、气压、水位、渗流、风振、日照等原因；

(4)根据建筑物的变形特征建立各种类型的变形分析模型；

(5)在不同荷载情况下，对变形体的变形模型做检验验证；

(6)结合变形分析结果，提出工程变形安全整治的相关措施。

如果变形监测的目的是监测变形体的安全运行状态，则需要在建筑物施工过程中及施工技术后一段时间内持续监测并分析其结果，通常是通过实测变形值与安全警戒值比较来判断。

如果变形监测的目的是为了检验所建立的数学模型，通常要将实际监测变形值与模型预测的变形值进行比较，若结果相差较大，则要改变模型参数，对模型方案加以修改。

如果变形监测的目的是为了验证建筑物设计理论，通常要将实际监测变形值与设计预估变形值进行比较，若结果相差不大，则说明设计方案合理可靠；反之，则应修改相关设计参数，进一步优化设计方案。

◎ 习题与思考题

1. 变形监测资料整理的内容有哪些？
2. 变形监测资料分析的内容有哪些？
3. 变形监测资料分析的方法有哪些？

参 考 文 献

[1]岳建平，田林亚．变形监测技术与应用[M]．北京：国防工业出版社，2010.

[2]杨晓平．工程监测技术及应用[M]．北京：中国电力出版社，2007.

[3]侯建国，腾军．变形监测理论与应用[M]．北京：测绘出版社，2008.

[4]张正禄．工程测量学[M]．武汉：武汉大学出版社，2005.

[5]周建郑．工程测量学[M]．郑州：黄河水利出版社，2006.

[6]陈永奇．工程测量学[M]．北京：测绘出版社，2008.

[7]邵自修．工程测量[M]．北京：冶金工业出版社，1997.

[8]吴贵才．工程测量学[M]．北京：教育科学出版社，2003.

[9]国家测绘局人事司．工程测量[M]．哈尔滨：哈尔滨地图出版社，2007.

[10]何秀凤，华锡生，丁晓利，等．GPS一机多天线变形监测系统[J]．水电自动化与大坝监测，2002(3)：34~36.

[11]韩卫，许小华，李宝石．真空激光直系统在白石水库大坝变形监测中的应用[J]．东北水利水电，2003(9)：45~46.

[12]桂小梅．浅谈沉降监测曲线绘制的两种方法[J]．测绘与空间地理信息，2011(2)：225~226.

[13]陈健．MATLAB在变形监测数据处理中的应用[J]．城市勘测，2009(2)：130~131.

[14]范亮．地铁六号线某段沉降监测方案设计与数据处理[D]．北京建工学院本科毕业论文，2011.

[15]南宁高峰盘龙居住宅小区二期沉降观测成果报告．百度文库，2011.

[16]中铁一局集团．沈阳地铁二号线第九标段监控量测方案．百度文库，2007.

[17]长江勘测规划设计研究有限责任公司．亭子口水利枢纽安全监测方案，1999.

[18]中华人民共和国建设部．建筑基坑工程监测技术规范(GB50497—2009).

[19]中华人民共和国建设部．建筑变形测量规范(JGJ8—2007).

[20]北京市建设委员会．地铁工程监控量测技术规程(DB11/490—2007).

[21]中华人民共和国建设部．地下铁道工程施工及验收规范(GB50299—1999).

[22]中华人民共和国水利部．土石坝安全监测技术规范(SL60—1994).

[23]中华人民共和国国家发改委．大坝安全监测自动化技术规范(DL/T5211—2005).

[24]国家测绘局．国家一、二等水准测量规范(GB/T12897—2006).

[25]国家测绘局．工程测量规范(GB50026—2007).